FORSCHUNGSBERICHTE DES LANDES NORDRHEIN-WESTFALEN

Nr. 2121

Herausgegeben im Auftrage des Ministerpräsidenten Heinz Kühn
von Staatssekretär Professor Dr. h. c. Dr. E. h. Leo Brandt

Dr.-Ing. Rudolf Wohlleben
Dr.-Ing. Klaus Pfaff

*Institut für Technische Elektronik
der Rhein.-Westf. Techn. Hochschule Aachen*

Fernfelddiagramm-Simulation linearer Punktstrahlergruppen auf dem Analogrechner

Springer Fachmedien Wiesbaden GmbH

ISBN 978-3-663-20002-4   ISBN 978-3-663-20353-7 (eBook)
DOI 10.1007/978-3-663-20353-7

Verlags-Nr. 012121

© Springer Fachmedien Wiesbaden 1970
Ursprünglich erschienen bei Westdeutscher Verlag Köln und Opladen 1970.
Gesamtherstellung: Westdeutscher Verlag

Vorwort

Mit dem Vordringen der Richtfunktechnik in den Jahren 1927–1939 wurde die Entwicklung hochbündelnder Antennen unumgänglich. Versuche, mit diskreten Elementen (Dipolen oder ähnlichen Strahlern) äquidistante Gruppenstrahler zu dimensionieren, bezogen sich zunächst auf analytische Verfahren. Nach 1946 wurden zur Lösung der Abstrahlungsprobleme nicht-äquidistanter Gruppen Digitalrechner eingesetzt, da zunächst Analogrechner hierfür weder die Kapazität noch die Genauigkeiten erfüllen konnten. Letzteres war etwa zehn Jahre später möglich. Daraufhin richteten sich viele Untersuchungen auf Optimierungsverfahren bezüglich des Strahlungsdiagramms, wobei meistens nur einer der drei wichtigen Elementparameter, nämlich Amplitude und Phase der Erregung sowie der gegenseitige Abstand der Strahler, variiert wurde. Diese Variation war aber an – oft von den Autoren selbst gebauten – Analogrechnern häufig nur in bestimmten festen Stufen möglich.

Die in der vorliegenden Arbeit mitgeteilten Ergebnisse resultieren aus den Untersuchungen der wissenschaftlichen Assistenten Dr.-Ing. R. WOHLLEBEN und Dr.-Ing. K. PFAFF am Institut für Technische Elektronik der RWTH Aachen. Erstere hatten zum Ziel, Vorstudien zu Gruppenstrahlern mit strahlungsverkoppelten Elementen durchzuführen und mit zunächst wenigen Elementen das Strahlungsdiagramm bei kontinuierlicher Variationsmöglichkeit aller oben genannten drei Parameter im repetierenden Betrieb aufzuzeichnen. Die Untersuchungen zeigten, daß beim gegenwärtigen Stand der Technik die Genauigkeit des Analogrechners offensichtlich für größere Strahlerzahlen (z. B. zwanzig) ausreichend ist. Die Simulation phasengesteuerter Gruppenstrahler, die mit der beschriebenen Methode auch möglich ist, gewinnt zunehmende Bedeutung und ist für die Ortungs- und Satellitentechnik von größter Aktualität.

Aachen, im Februar 1970   H. LUEG

Inhaltsverzeichnis

Einleitung	7
1. Fernfelddiagramm einer linearen Strahlergruppe (Definition)	8
1.1 Zwei Möglichkeiten der Fernfeldsimulation	12
1.1.1 Simulation nach dem Oszillator-Verfahren	12
1.1.2 Simulation nach der Methode der höchsten Ableitung	16
1.1.3 Genauigkeitsüberprüfung eines simulierten Zweielement-Gruppendiagramms durch Vergleich mit dem BERNDT-Verfahren	17
1.1.4 Genauigkeitsüberprüfung eines simulierten Zweielement-Gruppenstrahlerdiagramms durch Vergleich mit KINGschen Berechnungen	17
2. Simulationsergebnisse	18
2.1 Zweielement-Gruppendiagramme	18
2.2 Mehrelement-Gruppendiagramme	18
3. Zusammenfassung und Ausblick	21
Literaturverzeichnis	22
Anhang	25

Einleitung

Das Prinzip, Gruppenstrahler aus einzelnen Elementen aufzubauen, beruht auf der Überlagerbarkeit von Skalar- bzw. Vektorfeldern, die von Punkt- oder isotropen Strahlern erregt werden. Die Theorie zu solchen Querstrahlergruppen mit wenigen, unverkoppelten Elementen wurde zunächst von BRÜCKMANN [1] zusammengefaßt. Ein entsprechend genial-einfaches grafisches Darstellungsverfahren hierzu stammt von BERNDT [2] und ist in einigen Lehrbüchern zu finden [3, 4, 5, 6].

Das wohl häufigste Ziel beim Entwurf von Antennen für Richtfunk, Peilung und Radarzwecke ist hoher Gewinn bei geringem Aufwand. Die nun hierfür üblicherweise vorgeschlagenen Spiegelantennen oder Kombinationen mehrerer Spiegel zu einem System haben den Nachteil, große Metallflächen mit engen Strukturtoleranzen schwenkbar errichten zu müssen, was bei hohem Gewicht zu nachteilig großen Massenträgheiten, Verwindungen und Verbiegungen führt. Daher scheinen in Zukunft die weniger aufwendigen Gruppenstrahleranordnungen, die zu vergleichbaren Gewinnen führen – vor allem in der Luft- und Raumfahrt –, an Bedeutung zu gewinnen. Es gibt bereits eine Fülle von grundlegenden Entwurfskonzepten [7, 8, 9, 10, 11, 12, 13, 14, 15, 16, 17, 18], wobei die Strahlungskopplung – durch entsprechendes Einhalten minimaler Abstände – zwischen den Elementen solcher Querstrahler vernachlässigt wird. Um die in den Lehrbüchern unterschiedlich vorgeschlagene Nomenklatur zu umgehen, werden im folgenden die im deutschen Sprachraum anerkannten NTG*-Empfehlungen [19] durchgehend verwendet, die auch von Verfassern des Fernmeldetechnischen Zentralamtes der Deutschen Bundespost in [20] bevorzugt werden.

Zu den unumgänglichen Einschränkungen, die den folgenden Betrachtungen vorangestellt werden müssen, gehört außer der erwähnten, vernachlässigten Strahlungskopplung zwischen den Elementen das Verzichten auf Synthesemethoden, wie sie von DOLPH [21] nach TSCHEBYSCHEFF [22], von WOODWARD–LAWSON [23] bereits 1946 vorgeschlagen und von SCHELKUNOFF [24, 25] (1952), MA [26, 27, 28] (1967), ARORA [29] und MÜLLER [30, 31, 32] (1968) weitergeführt wurden. Diese versuchen, dem Wunsch nach einem Entwurf für die Form des Felddiagramms nachzukommen [4].

Selbstverständlich liegen einige Arbeiten [33, 34, 59] vor, die zur Fernfeldberechnung Strahlungskopplung im Nahfeld mitberücksichtigen, jedoch steht der mathematische Aufwand zur Einfachheit der wenigen, einfachen Sonderfälle im Mißverhältnis. Selbst bei Einsatz von Großrechnern ist hier noch kein prinzipiell allgemeingültiges Verfahren gefunden. Einen gewissen Erfolg versprechen die auf deterministisch-statistischen Theorien beruhenden Ansätze nach LO [35, 36] und LEE [37] sowie nach SODIN [38] zu dem Problem, zu sehr ausgedehnten Aperturen eine in endlicher Zeit herstellbare Anzahl von Elementen einzusetzen; hierbei läßt sich eine vorschreibbare Nebenkeulendämpfung (bei vorgegebener Gruppenlänge) unter Einbuße an Gewinn durch eine geeignet variierende Wahl des Elementabstandes erzielen [35]. Es ist jedoch zweifelhaft, ob sich solche Theorien zur Synthese eines beliebig vorschreibbaren Diagramms eignen [53].

---

* NTG: Nachrichtentechnische Gesellschaft, 6 Frankfurt 70, Stresemann-Allee 21.

1. Fernfelddiagramm einer linearen Strahlergruppe (Definition)

Das Folgende beschäftigt sich mit linearen Gruppen (Abb. 1)*, also Gebilden, deren »Einzelelemente in einer geraden Linie angeordnet sind« (eindimensionale Strukturen) [20].
Es sei betont, daß die Elemente der Einfachheit halber als Punktstrahler, also Antennen ohne Richtwirkung (Gewinn = 1), betrachtet werden. Dadurch braucht nur das komplexe Gruppendiagramm $\underline{M}(\varphi)$ behandelt zu werden, das folgendermaßen mit dem komplexen Element-($\underline{L}(\varphi)$) und Fernfeld-Gesamtdiagramm $\underline{C}(\varphi)$ zusammenhängt

$$\underline{C}(\varphi) = \underline{L}(\varphi) \cdot \underline{M}(\varphi) = \underline{L} \cdot \sum_{n=0}^{N-1} p_n \cdot e^{j\delta_n} \cdot e^{j \cdot n \cdot \delta_g} \cdot e^{j\omega t} \quad (1)$$

mit dem »Geometriephasenfaktor«

$$\delta_g = n \cdot k \cdot d_n \cdot \cos \varphi = n \cdot \psi. \quad (2)$$

Dabei entspricht p_n der Elementamplitude, δ_n der speisungsbedingten Phasendifferenz zwischen benachbarten Strahlern ($n; n-1$), δ_g elementabstandbedingte Phasendifferenz (Geometrie der Gruppe), N Anzahl der Elemente, und $e^{j\omega t}$ dem Zeitglied der periodischen Erregung (entfällt in allen folgenden Formeln), $k = 2\pi/\lambda$, d_n gegenseitiger Elementabstand, φ Azimutwinkel (Abb. 1) und ψ »Gruppenwinkel nach KRAUS« [5].
Ist eine querstrahlende »lineare Gruppe« so aufgebaut, daß die Elementcharakteristiken (z. B. isotrope Strahler) übereinstimmen, die Elementabstände gleich groß sind und die Einspeisephasendifferenzen konstant sind, so vereinfacht sich (1) verständlicherweise erheblich. Auch im Falle der beliebig festgelegten wichtigsten Parameter: $\delta_g(d_n)$, p_n und δ_n hat eine lineare Gruppe durch die Zylindersymmetrie ein kreisförmiges Vertikaldiagramm $M(\vartheta)$ = konst.
Anknüpfend an die in der Einleitung erwähnten, grundlegenden Theorien für Querstrahlergruppen lag es nahe, zunächst – wie gewöhnlich – den Digitalrechner zu Optimierungs-Berechnungen einzusetzen. Bis etwa 1958 wiesen die handelsüblichen Analogrechner ohnehin noch nicht die genügende Genauigkeit für solche Zwecke auf.
Hinsichtlich der Variation der oben genannten Parameter können nun folgende vier Kategorien von Untersuchungen unterschieden werden, die in erster Linie auf eine maximale Nebenzipfeldämpfung im »sichtbaren« Bereich (Abb. 2) [48], dann aber auch auf maximalen Gewinn abzielen

a) Die Variation der elementabstandsbedingten Phasendifferenz $\delta_g(d_n)$ bei konstantem Belag des Strombetrags und der Stromphase über der Gruppe wurde am häufigsten vorgenommen [27, 29, 40, 41, 42, 43, 44, 45, 46, 47, 55, 56];
b) dann die durch funktionalen Zusammenhang voneinander abhängige Variation von $\delta_g(d_n)$ und p_n bei konstantem Phasenbelag δ_n nach [34, 48, 49, 50, 51],
c) Variation der Elementamplitude p_n alleine (δ_g und δ_n = konst.) nach [21, 26, 39, 52] als die ersten erfolgreichen Schritte überhaupt und
d) Variation des elektrisch einstellbaren Phasenbelags δ_n bei konstanten δ_g und p_n [53].

Abweichend von diesen, auf den Digitalrechner zugeschnittenen Untersuchungen sind seit 1958 auch Simulationen auf dem Analogrechner bzw. hybriden Analog- oder echten Hybridrechner* durch wachsende Genauigkeiten sinnvoll geworden.

---

* Die Abbildungen stehen im Anhang ab Seite 25.
* Nach [61] ist ein mit einer digitalen, *ohne* Programmiersprache steuerbaren Einheit versehener Analogrechner hybrid; *mit* Programmiersprache steuerbare Analog-Digitalrechner sind Hybridrechner.

Ein Vorteil eines Analogrechners gegenüber dem digitalen liegt bekanntlicherweise

a) in der Möglichkeit, Änderungen im Ergebnis des Rechenganges (z. B. ausgegebene Kurve) bei Veränderungen der durch Potentiometer o. ä. fixierte Parameter ohne Zeitverlust direkt anschaulich auf dem Schirm einer Kathodenstrahlröhre (C.R.T.) oder einem Schreiber sichtbar zu machen bzw. gleich auszuwerten. Hierfür ist »repetierender Betrieb« notwendig [54]. Abgesehen von noch im Erprobungsstadium befindlichen »Digigraphic«-Anlagen sind geschriebene Kurven vom Digitalrechner z. Z. nur über den Umweg der Ausgabe über Lochstreifen möglich, die dann in ein Schreibersystem (z. B. »Graphomat«) eingelesen werden müssen.

b) Einen weiteren Vorteil des Analogrechners, eindimensionale Integrationen *geschlossen* ausführen zu können, sollte gerade bei Antennenfernfeldberechnungen (Integrationsprobleme) genutzt werden.

c) Schließlich war es die Absicht der vorliegenden Arbeit, eine Vorbereitung zu sein für ein späteres Einbeziehen der Strahlungskopplung zwischen den Elementen zur Fernfelddiagrammsimulation durch Zwischenschalten von entsprechenden Mit- oder Gegenkopplungsgliedern an den Schwingkreisen, die die Elemente simulieren; derartige Untersuchungen lassen sich auf dem Digitalrechner nur mit Hilfe von speicherplatz-aufzehrenden Kopplungsmatrizen durchführen.

Eine Pionierarbeit mit Einsatz des hybriden Analogrechners stellt daher der Versuch von RUBIN–LANDAUER–TOTTEN [57] dar, den Haupt- und einige Nebenzipfel des Fernfelddiagramms eines durch Hornstrahler beleuchteten Rotationsparaboloid-Spiegels zu berechnen. Hierbei wurde die zeilenweise Integration (16 Zeilen [63]) über die Reflektorfläche geschlossen vom Analogteil und die Summation über die Zeilen in diskreten Schritten vom Digitalteil ermöglicht. Die Ungenauigkeiten der damals zur Verfügung stehenden Rechner führte aber zu Mehrdeutigkeiten beim Abfragen eines vorgegebenen Phasenbelags auf der Reflektoroberfläche und daher zu Unsicherheit über die Richtigkeit der Nebenzipfeldämpfung und Fernfeldphase. Eine weitere Arbeit von ANDREASEN (unter Mithilfe von vier Analogrechnerspezialisten) [68] behandelt Strahlungsdiagramme linearer Gruppenstrahler mit variablen Elementabständen; p_n ist hier konstant gelassen, während δ_n proportional zu den Elementabständen variiert und die δ_g in jedem Rechnerumlauf so berechnet werden, wie man sie entsprechend den Harmonischen einer bestimmten Grundfrequenz (Nichtharmonische können mit dem Analogrechner nicht erzeugt werden!) des eingestellten Elementschwingkreises erhalten kann. Hierbei besteht durch den Zwang zu Harmonischen – wie man leicht ableiten kann – eine erhebliche Einschränkung der Allgemeinheit des Elementabstandes. Da keine digitale Steuerung vorliegt, kann das Ergebnis, das man durch diesen reinen Analogrechner erhält, auf dem Schirm einer Kathodenstrahlröhre direkt sichtbar gemacht werden. Es konnten aber nicht mehr als 11 Elemente zu der dürftigen Nebenzipfeldämpfung von 5 dB optimiert werden. Bei mehr Elementen hätte man auf einen damals noch nicht erhältlichen »schnellen« Rechner ($f_{0sz} > 100$ kHz) zurückgreifen müssen, da pro Anzeigezyklus die Elementabtastung mehrfach durchgeführt werden muß. Bedingt durch den Nachteil des mehrfachen Ein- und Ausgebens am Digitalrechner schlug VAN DER REE [59] die Verwendung eines speziell zur *Fourier*-Analyse von Signalen gebauten Analogrechners zur Untersuchung des Nahfeldes von (Hohlleiterschlitz-) Gruppenstrahlern von 41 Elementen vor. Die Elementamplitude konnte hier auf 0,2%, die Phase auf 0,3% genau eingestellt werden. Wenn die Gruppe symmetrisch zum Koordinatenursprung liegt, kann Gl. (1) umgeschrieben werden

$$\underline{M}(\varphi) = \sum_{N=-20}^{+20} \underline{p}_n \cdot \exp(jn \cdot \delta_g), \tag{3}$$

wobei der komplexe Strombelag ($e^{j\omega t}$ weggelassen)

$$\underline{p}_n = |\underline{p}_n| \cdot \exp(j \cdot \delta_n)$$

lautet. Durch die Anwendung der *Fourier*-Analyse gilt auch hier die zu [58] erwähnte Einschränkung auf Harmonische einer Grundfrequenz. Der Vergleich der in [59] vom Analogrechner ausgegebenen Daten zu experimentell und vom Digital-Rechner erhaltenen zeigt einen maximalen, relativen Fehler von 10% (im Mittel aber weniger). MEIJER [60] benutzte bei der von ihm auf einem von der Firma N. V. PHILIPS Gloeilampenfabrieken (Eindhoven) im Eigenbau erstellten Analogrechner durchgeführten Simulation des Fernfeldes einer linearen Gruppe die Verwandtschaft zwischen dem Ausdruck für den Gruppenfaktor einer Antennengruppe [61, 17] nach Gl. (3)

$$\underline{M}(\varphi) = \sum_{n=-N}^{N} \underline{p}_n e^{jkd_n \cos\varphi} \tag{4}$$

und dem Ausdruck für die Zeitfunktion einer Reihe von Schwingungen der Frequenz f_n und der komplexen Amplitude $\underline{p}_n$

$$f(t) = \sum_{n=-N}^{N} \underline{p}_n e^{j2\pi f_n t}. \tag{5}$$

Mit den Substitutionen

$$t = T \cos\varphi \tag{6}$$

und

$$f_n = \frac{k d_n}{2\pi T} \tag{7}$$

ergibt sich mit (5):

$$f(T \cos\varphi) = \sum_{n=-N}^{N} \underline{p}_n e^{jkd_n \cos\varphi}. \tag{8}$$

Vergleicht man nun (8) mit (4), so sieht man, daß

$$f(T \cos\varphi) = \underline{M}(\varphi) \tag{9}$$

gilt.

Eine Vereinfachung der Problemstellung bringt, wie schon zu Gl. (3) erwähnt, die Annahme einer gewissen Symmetrie innerhalb der Gruppe mit sich. Es soll gelten

$$d_{-n} = d_n \tag{10}$$

und

$$\underline{p}_n = \underline{p}_n^*. \tag{11}$$

Damit wird der Imaginär- bzw. Sinusterm bei der Entwicklung von (8) zu null, und man erhält unter Berücksichtigung der elektrisch einzustellenden Phasenverschiebung zwischen den Elementen δ_n [31, 28, 61]

$$f(T \cos\varphi) = p_0 + 2 \sum_{n=1}^{N} \underline{p}_n \cos(kd_n \cos\varphi + \delta_n). \tag{12}$$

Diese Funktion läßt sich mit Hilfe der in Abb. 3 gezeigten Analogrechnerschaltung erzeugen.

MEIJER baute also eine Reihe von Kosinusgeneratoren so auf, daß sie im Bereich $0 \leq t \leq T$ arbeiten und Schwingungen der Frequenz f_n erzeugen, die sich periodisch wiederholen. Dabei entspricht T der oberen Grenze des »sichtbaren Bereiches« [48].

Die Generatoren müssen also bei $t = 0$ zu arbeiten beginnen, bei $t = T$ anhalten und bei $t = T + \Delta T$ wieder beginnen, bis $t = 2T + \Delta T$ laufen, usw. Dieser Vorgang wird repetierender Betrieb genannt.

Manche Signale (z. B. eine Periode einer Kosinusschwingung) wiederholen sich so während der Zeit T mehr als 20mal, je nach Abstand der fiktiven Gruppenelemente (Abb. 4). Es war mit dem genannten, selbstgebauten Analogrechner daher schwierig, diese Schwingungen nach *Amplitude* und Frequenz so exakt zu erzeugen, daß zur Zeit T *keinerlei* Abweichungen im Hinblick auf die ersten Perioden auftreten, die das Gesamtergebnis verfälschen würden. Aus diesem Grund ist auch die Verwendung von mechanisch angetriebenen Funktionsgeneratoren mit Servonichtlinearitäten nicht zu vertreten. Andererseits kann man aber sehr exakt *Rechteck*impulse einer bestimmten Frequenz, z. B. mit einem Quarzgenerator, erzeugen. Mit Hilfe von Frequenzteilern erhält man diese Rechteckimpulse, deren Folgefrequenz in einem ganzzahligen Verhältnis zur eingehenden Bezugsfrequenz steht und deren erste Harmonische dann unter Verwendung von Tiefpaßfiltern herausgesiebt werden. Die durch die Filter auftretenden Einschwingzeiten lassen aber, besonders bei sehr selektiven Filtern, nur eine beschränkte Anwendung dieser Methode zu. Außerdem können so keine Kosinusschwingungen mit einer Periodendauer von $2T$ erzeugt werden.

Eine weitere Möglichkeit, die von MEIJER auch angewandt wurde, ist die stufenförmige Approximation der Kosinusform durch ein »Register«. Darauf, wie Frequenzteiler und Kosinusregister realisiert werden, soll hier nicht weiter eingegangen werden. Es ist für die prinzipielle Erläuterung des Blockschaltbildes in Abb. 5 nur wichtig zu wissen, daß am Ausgang der Kosinusregister Kosinusschwingungen jeweils der Frequenz erscheinen, die vom vorhergehenden Frequenzteiler aus der Frequenz des Quarzgenerators abgeleitet wurden. Frequenzteiler und Kosinusregister zusammen bilden also einen *Funktionsgenerator*. Die Ausgänge der verschiedenen Funktionsgeneratoren laufen in einem Summierglied zusammen und gehen von dort aus in einen Betragsbildner, da üblicherweise nur der Betrag des Gruppenfaktors von Interesse ist. Bei ungerader Elementzahl wird das mittlere Element in den Koordinatenursprung gelegt und das Gruppendiagramm wird dadurch um einen zusätzlichen Gleichanteil erweitert.

Der Sägezahngenerator beeinflußt mit seiner variablen Periodendauer T sowohl den *sichtbaren Bereich* (Abb. 2), als auch die horizontale Ablenkung der Ausgabeeinheit. Weiterhin wird durch den Sägezahngenerator auch der Start–Stop-Rückstellkreis der Funktionsgeneratoren gesteuert.

Nach (12) hat jede Kosinusschwingung eine gewisse »Anfangsphase«. Man kann nun das bekannte Additionstheorem

$$\cos(\omega t + \varphi) = \cos \omega t \cos \varphi - \sin \omega t \sin \varphi \tag{13}$$

anwenden, indem man Kosinus-Sinusschwingungen herstellt, diese über Potentiometer schickt, sie so mit einem entsprechenden Faktor $\cos \varphi$ bzw. $\sin \varphi$ bewertet und die Ausgangswerte subtrahiert. Das Ergebnis ist ein Signal mit der maximalen Amplitude 1 und der Phase φ.

MEIJER macht von einer anderen Möglichkeit Gebrauch, und zwar wird der Anfangswert der Kosinusschwingung dadurch eingestellt, daß eine hochfrequente Impulsfolge (so z. B. die Quarzgeneratorfrequenz von 100 kHz) für eine genau bestimmte Anfangszeit auf die jeweiligen Generatoren gegeben wird.

Gibt man beispielsweise die Grundfrequenzimpulsfolge für eine Zeit τ_i auf den n-ten Generator, so entspricht der am Generatorausgang erscheinende Wert $\cos(\nu \cdot \tau_i \cdot 2\pi)$ mit $\nu = 100$ kHz. Erst der vom Sägezahngenerator ausgelöste Startimpuls bei $T + \Delta T$,

$2T + \Delta T$, usw. bewirkt, daß die Kosinusschwingung mit diesem Anfangswert an Stelle von 1 losläuft. Die Zeit τ_i, die letztlich die synchrone Anfangsphase aller Generatoren hervorruft, wird einfach durch Zählen der vom Quarzgenerator kommenden Impulse der Grundfrequenz bestimmt.

Der auf diese Art und Weise simulierte Gruppenfaktor wird auf einer Ausgabeeinheit (Schreiber, Oszillograph) dargestellt. Es ist nun möglich, den Einfluß der zur Abstandänderung analogen Frequenzänderung auf den Gruppenfaktor direkt sichtbar zu machen. Der bereits erwähnte Hauptvorteil der Analogrechnerschaltung ist, daß nicht wie bei der digitalen Berechnung zwei Diagramme verglichen zu werden brauchen, sondern daß der Erfolg oder Mißerfolg einer Parameteränderung sofort einsichtig ist.

Neben der Abstand-Zeit-Analogie gibt es noch eine weitere Verwandtschaft, die sich mit Hilfe der *Fourier*-Transformation [4] darstellen läßt, die Abstand-Frequenz-Analogie. Die *Fourier*-Transformation einer beliebigen Folge von Impulsen, die, einer nach dem anderen zur Zeit t_n erscheinen, ist das Frequenzspektrum dieser Folge. Angenommen, die Impulse haben rechteckige Gestalt und gleiche Breite 2τ, jedoch unterschiedliche Amplitude $|\underline{p}_n|$, so gilt für das Frequenzspektrum [12, 61]

$$S(\omega) = \frac{\sin \omega \tau}{\tau \cdot \omega} \sum_{n=1}^{N} |\underline{p}_n| e^{j\omega t_n}. \tag{14}$$

Andererseits gilt für das Fernfeld einer linearen Gruppe von Linienquellen der Länge 2Δ und Amplitude $|\underline{p}_n|$, die sich an den Stellen d_n befinden [5]

$$M(u) = \frac{\Delta \sin (k\Delta \cos \varphi)}{k\Delta \cos \varphi} \sum_{n=1}^{N} |\underline{p}_n| e^{jkd_n \cos \varphi}. \tag{15}$$

Auch hier fällt die Verwandtschaft der Ausdrücke (14) und (15) sofort ins Auge. Es soll noch hinzugefügt werden, daß sich die erste Methode zur Simulation symmetrisch angeordneter Gruppen mit isotropen Strahlungsquellen eignet, die auch komplexe Erregung haben dürfen. Die zweite Methode hat keinerlei Beschränkung im Hinblick auf die Symmetrie, wohl aber hinsichtlich der Erregung der Elemente, die nicht komplex sein darf.

Zusammenfassend kann man sagen, daß hier Methoden entwickelt wurden, die unter gewissen Einschränkungen recht gute Ergebnisse liefern. Nachteilig bei der ersten Methode ist die stufenförmige Approximation der Kosinusfunktion (Abb. 3) und die Einschränkung auf symmetrische Gruppen. Der Hauptnachteil der zweiten Methode liegt in der Beschränkung auf nur reelle Erregung der Elemente.

1.1 Zwei Möglichkeiten der Fernfeldsimulation

1.1.1. Simulation nach dem Oszillatorverfahren

Die nun folgenden Betrachtungen leiten die eigenen Untersuchungen am Analogrechner des Instituts für Technische Elektronik der RWTH Aachen ein.

Zur Vereinfachung der Betrachtungsweise, die in Abb. 1 skizziert ist, sei nun hier der Aufpunkt in die y-z-Ebene gelegt, so daß im folgenden nur Azimut-Variationen behandelt werden. Dies ist jedoch keine Einschränkung der Allgemeinheit, da man die Elevations-Überlegung völlig analog ergänzen könnte. Da – wie erwähnt – nur isotrope oder Kugelstrahler als Elemente verwendet werden, herrscht in der x-y-Ebene ohnehin Rotationssymmetrie; aber auch hier steht eine multiplikative Erweiterung des Gruppenfaktors durch ein Element-Elevationsdiagramm offen.

Der Beitrag, den der *n*-te Strahler einer linearen Strahlergruppe (Abb. 6a) im Aufpunkt P mit der Elevation Null (Azimut-Ebene) im Abstand r_0 vom Koordinatenursprung oder r_n vom Ort des Strahlers n bildet, lautet

$$E_n(P) = \underline{p}_n \cdot e^{-j\left(\omega t - \frac{2\pi r_n}{\lambda}\right)}, \quad (16)$$

wobei

$$\underline{p}_n = |\underline{p}_n| e^{j\delta_n} \quad (17)$$

die Erregung nach Betrag und Phase, λ die Wellenlänge, ω die Schwingfrequenz und

$$r_n = r_0 - d_n \cos \varphi \quad (18)$$

mit d_n der Abstand vom Koordinatenursprung aus ist.

Für das Azimutdiagramm muß lediglich der Ausdruck

$$\underline{p}_n e^{-j\frac{2\pi d_n}{\lambda}\cos\varphi} = |\underline{p}_n| e^{-j\left(\frac{2\pi d_n}{\lambda}\cos\varphi - \delta_n\right)} \quad (19)$$

in Betracht gezogen werden, da der Faktor

$$\exp\left(-j(\omega t - (2\pi r_0/\lambda))\right)$$

für alle Strahler gleichgroß ist und daher bei der Summation nicht berücksichtigt zu werden braucht. Bei mehreren Strahlern ergibt sich somit das Diagramm als Summe aller Einzelbeiträge in Form eines *Fourier*-Ansatzes:

$$\underline{M}(\varphi) = \sum_n |\underline{p}_n| e^{-j\left(\frac{2\pi d_n}{\lambda}\cos\varphi - \delta_n\right)} \quad (20)$$

oder mit Berücksichtigung des *Moivre*schen Satzes

$$\underline{M}(\varphi) = \sum_n |\underline{p}_n| \cdot \left\{\cos\left(\frac{2\pi d_n}{\lambda}\cos\varphi - \delta_n\right) - j\sin\left(\frac{2\pi d_n}{\lambda}\cos\varphi - \delta_n\right)\right\}. \quad (21)$$

Üblicherweise interessiert nur der Betrag dieses Ausdrucks, nämlich

$$M(\varphi) = |\underline{M}(\varphi)| = \sqrt{\sum_n(\ldots)\cdot\sum_n{}^*(\ldots)} = \sqrt{\left(\text{Re}\sum_n(\ldots)\right)^2 + \left(\text{Im}\sum_n(\ldots)\right)^2}, \quad (22)$$

(der Stern * deutet an, daß der konjugiert komplexe Wert zu nehmen ist), worauf wir später zurückkommen; die Phase des Ausdrucks wird mit Hilfe des arc tan (Im/Re) gebildet.

Setzt man nun

$$\left(\frac{2\pi d_n}{\lambda}\cos\varphi - \delta_n\right) = \Omega_n t - \delta_n, \quad (23)$$

wobei die Frequenz Ω folgendermaßen definiert sei

$$\Omega_n = \frac{d(\ldots)}{dt} = \frac{2\pi d_n}{\lambda}(-\sin\varphi)\frac{d\varphi}{dt}, \quad (24)$$

so läßt sich der Summenausdruck durch eine Serie von Kosinus- und Sinus-Funktionen der Zeit darstellen. Die auf diese Weise synthetisierte Funktion

$$f(t) = \sum_n |\underline{p}_n| \{\cos(\Omega_n t - \delta_n) - j\sin(\Omega_n t - \delta_n)\} \qquad (25)$$

ist mit (24) analog zu

$$\underline{M}(\varphi) = \sum_n |\underline{p}_n| \left\{\cos\left(\frac{2\pi d_n}{\lambda}\cos\varphi - \delta_n\right) - j\sin\left(\frac{2\pi d_n}{\lambda}\cos\varphi - \delta_n\right)\right\} \qquad (26)$$

oder anders ausgedrückt: die Funktion $f(t)$ ist maßstäblich zu der das Gruppendiagramm beschreibenden Funktion $\underline{M}(\varphi)$ proportional und die Rechenzeit t zum Azimut φ.
Man wird damit unmittelbar auf eine Lösung der Simulation gemäß Abb. 7a geführt, womit zunächst noch gar nicht an den Einsatz eines Analogrechners gedacht werden muß. Die Schaltung (Abb. 7a) besteht im wesentlichen aus einer Serie von Oszillatoren, deren Schwingfrequenz durch $\cos\varphi$ und $\dfrac{2\pi d}{\lambda}$ bestimmt wird.

Die Schwingamplitude $\underline{p}_n$ sowie die Phasenlage δ_n lassen sich über Einstelleinrichtungen vorgeben. Die einzelnen Beiträge zum Real- bzw. Imaginärteil werden aufsummiert, und schließlich wird der Betrag gebildet. Durch eine Umformung in eine andere Schreibweise

$$f(t) = |\underline{p}_n| \cdot \{\cos\Omega_n t \cos\delta_n + \sin\Omega_n t \sin\delta_n - j(\sin\Omega_n t \cos\delta_n - \cos\Omega_n t \sin\delta_n)\} \qquad (27)$$

ergibt sich ein anderer Weg zur Simulation (Abb. 7b). Diese Schaltung unterscheidet sich von der zuvor angegebenen lediglich durch die Einstellung der Phasenlage. Man muß im einzelnen untersuchen, welche Schaltung zweckmäßigerweise gewählt wird. Hier spielen einerseits Genauigkeitsbetrachtungen eine wichtige Rolle, andererseits wird die jeweils günstigste Lösung häufig von den vom vorhandenen Analogrechner gebotenen Möglichkeiten bestimmt. Dabei wollen wir im Auge behalten, daß in vielen Fällen eine erhebliche Einsparung in bezug auf den Aufwand (d. h. Analogrechnerelementen) durch Ausnutzung von Symmetrieeigenschaften der Strahlergruppe möglich ist. Um eine möglichst in allen Parametern – wenigstens innerhalb gewisser Grenzen – beliebig variable Simulation zu ermöglichen, müssen für jeden Strahler die drei das Strahlungsdiagramm bestimmenden Parameter nämlich: Abstand vom Koordinatenursprung (d_n), Amplitude (p_n) und Phase (δ_n) der Erregung jeder für sich von Hand (oder gegebenenfalls automatisch) einstellbar sein. Hierfür bietet sich der Analogrechner an. Dabei muß geprüft werden, inwieweit die beim heutigen Stand der Technik erzielbare Präzision für derartige Diagrammsimulationen ausreicht. Hier sei bemerkt, daß die Komponentengenauigkeit bei dem verwendeten Analogrechner vom Typ EAI TR 48 für die Widerstände 10^{-5}, für die Kapazitäten $5 \cdot 10^{-4}$, und daß die Integratordrift 25 µV/sec beträgt. Ob die Präzision eines üblichen Analogrechners für derartige Simulationen ausreicht, war in einer früheren Veröffentlichung in Frage gestellt worden [60].

Daher war eine frühe Prüfung zweier Punkte vordringlich:

a) Durch den bei Beginn der Studien zur Verfügung stehenden, relativ schwach mit Verstärkern u. ä. bestückten Analogrechner Typ TR 48 (EAI) wurde schon während des Entwurfs des steckbaren Rechenprogramms (Abb. 7a, b) zunächst auf diesen einschneidenden Sachverhalt geachtet (normalerweise entwirft man die Programmierschaltung entsprechend der mathematisch vorliegenden Lösung des Problems und steckt dann am vollbestückten Problembrett).

b) In zweiter Linie galt der bei älteren Rechnermodellen vermutbaren Ungenauigkeit z. B. der Nulldurchgänge bei Mehrfachen einer Grundfrequenz das Hauptaugenmerk. Wenn man eine feine Strichstärke des Schreibers von ca. 0,2 mm annimmt, so ergibt sich bei einer zwanzigfachen Erhöhung gegenüber der Grundfrequenz keine ablesbare Differenz zwischen den Nulldurchgängen, so daß der Fehler mit Sicherheit unterhalb 5⁰/₀₀ liegt (Abb. 4).

Auf dem Analogrechner lassen sich Frequenzgeneratoren über die Rechenschaltung zur Lösung von Differentialgleichungen zweiter Ordnung der Form

$$\ddot{y} + \omega^2 y = 0 \tag{28}$$

leicht aufbauen; von Vorteil ist dabei die Tatsache, daß eine derartige Schaltung gleichzeitig an verschiedenen Stellen die Sinus- und die Kosinusfunktion liefert. Bei der Programmierung muß allerdings auf die jeweils erforderlichen Anfangsbedingungen geachtet werden. Für die Simulation eines Strahlers (gegebenenfalls auch eines Strahlerpaares) wird eine Rechenschaltung gemäß Abb. 8 eingesetzt. (Auf die notwendige Skalierung soll in diesem Zusammenhang nicht besonders eingegangen werden, es sei dafür auf die einschlägige Literatur z. B. [54, 65], bzw. die Bedienungshandbücher der Lieferfirmen verwiesen.) Der im linken Teil des Bildes gezeigte Integrator liefert eine linear mit der Zeit anwachsende Spannung, die mit einem entsprechenden Maßstabsfaktor proportional zum Azimutwinkel φ ist. Über einen Diodenfunktionsgenerator wird der zu dem jeweiligen Azimutwinkel zugehörige Sinus gebildet. Die in einem Multiplizierer vorgenommene Multiplikation mit der abstandsbestimmenden Größe $2\pi d_n/\lambda$ liefert dann die Frequenz des jeweiligen Oszillators bestimmende Spannung. Der geschlossene Oszillatorkreis, bestehend aus zwei Integratoren und zwei Multiplizierern, ist so geschaltet, daß er die Differentialgleichung (28) erfüllt. Je nach Wahl der Anfangsbedingungen steht damit an den Ausgängen der beiden Integratoren, wie im Bild angedeutet, der erforderliche cos- und sin-Term zur Verfügung. Der Betrag der Anfangsbedingung ist maßstäblich zur Amplitude der Erregung zu wählen. Die Phase wird über die vier unterhalb der Schwingschaltung angedeuteten Potentiometer vorgegeben (dieser recht umständliche Weg mußte vorläufig wegen der vorhandenen Rechnerbestückung noch gewählt werden; später wird für die Phase nur noch ein einziger Einstellknopf benötigt). Die an den Ausgängen der Summierverstärker vorhandenen Spannungen, die dem Real- bzw. Imaginärteil entsprechen, werden anschließend in einer Schaltung zur Betragsbildung quadriert, summiert und gleichzeitig mit der Wurzel bewertet. Auf diese Weise steht dann am Ausgang der Schaltung der der Feldstärke proportionale Betrag in Abhängigkeit vom Azimutwinkel zur Verfügung.

Für viele Anwendungsfälle kann die Programmierung unter Verzicht auf Allgemeingültigkeit, wie ebenfalls bei allen in Betracht gezogenen Veröffentlichungen, derart vorgenommen werden, daß kein Imaginärteil auftritt. Die zu stellenden Forderungen sind dann:

a) die Strahlergruppe muß symmetrisch zur Mittelsenkrechten auf der Strahlerstandlinie (bei Querstrahlern ist das die Hauptstrahlrichtung) sein, und

b) die Phasenbelegung muß sich durch eine ungerade Funktion z. B. der Form

$$\delta_n = a_1 x + a_3 x^3 + a_5 x^5 + \ldots$$

beschreiben lassen.

Es muß aber betont werden, daß jedoch insbesondere der interessante Fall einer Nullstellenauffüllung durch eine Phasenverteilung nach einer geraden Funktion damit nicht mehr simulierbar ist.

Läßt man eine solche Einschränkung der Allgemeingültigkeit der Simulation zu, so kann für die Betragsbildung eine einfachere Schaltung gewählt werden, die die Nachteile der kombinierten Quadrier- und Radizierschaltung (Segmentapproximation der quadratischen Kennlinie, starkes Rauschen und möglicherweise Instabilität bei sehr kleinen Eingangsspannungen) vermeidet.

Wegen der zu Beginn der Arbeiten äußerst spärlichen Bestückung des vorhandenen Analogrechners EAI TR 48 konnten zunächst lediglich grundsätzliche Untersuchungen angestellt werden. Hierzu wurde eine »Gruppe« aus zwei Strahlern simuliert und für sehr viele Betriebsfälle, von denen einige im folgenden zur Darstellung der erzielbaren Ergebnisse wiedergegeben werden, programmiert. Damit die Simulation in der allgemeinsten Form eingehend überprüft werden konnte (d. h. mit Imaginär- und Realteil, Betragsbildung, Phasenbelegung etc.) wurde einer der beiden Strahler im Koordinatenursprung angeordnet. In diesem Fall liegt das Phasenzentrum außerhalb des Koordinatenursprungs. Für den Bezugsstrahler wird bei der Simulation lediglich eine der Amplitude der Erregung proportionale Spannung zum Realteil addiert. Der entsprechende Zweig wurde im Schaltbild Abb. 8 gestrichelt angedeutet. Für den zweiten Strahler wird, wie bereits besprochen, eine Oszillatorschaltung aufgebaut.

1.1.2. Simulation nach der Methode der höchsten Ableitung

Ausgehend von Gl. (21) erhält man bei Anwendung der Additionstheoreme auf trigonometrische Funktionen für den Gruppenfaktor der sehr einfachen Anordnung von zwei (isotrop strahlenden) Elementen, wovon eins im Koordinatennullpunkt sitzt, einen Ausdruck der Form [66]

$$\underline{M}(\varphi) = \cos\left(\frac{2\pi d}{\lambda}\cos\varphi\right)\cos\delta_n - \sin\left(\frac{2\pi d}{\lambda}\cos\varphi\right)\sin\delta_n$$

$$+ j\sin\left(\frac{2\pi d}{\lambda}\cos\varphi\right)\cdot\cos\delta_n - \cos\left(\frac{2\pi d}{\lambda}\cos\varphi\right)\sin\delta_n, \qquad (29)$$

d. h. das Hauptproblem besteht in der Simulation von Funktionen des Typs ($2\pi d/\lambda = q$)

$$y_1 = \cos(q\cos\varphi + \delta_n) \qquad (30)$$

und

$$y_2 = \sin(q\cos\varphi + \delta_n). \qquad (31)$$

Bildet man die Ableitungen, so ergibt sich mit (30):

$$y_1' = \sin(q\cos\varphi + \delta_n)(q\sin\varphi) \qquad (32)$$

und

$$y_1'' = \underbrace{\cos(q\cos\varphi + \delta_n)}_{y_1}(-q\sin\varphi)q\sin\varphi$$

$$+ \underbrace{\frac{q\cos\varphi}{q\sin\varphi}}_{\cot\varphi}\underbrace{\sin(q\cos\varphi + \delta_n)q\sin\varphi}_{y_1'}. \qquad (33)$$

Die Ableitungen für den zweiten Ausdruck ergeben sich mit (31) zu

$$y_2' = -\cos(q\cos\varphi + \delta_n)q\sin\varphi \qquad (34)$$

und

$$y_2'' = \underbrace{\sin(q\cos\varphi + \delta_n)}_{y_2}(-q\sin\varphi)\,q\sin\varphi$$

$$+ \underbrace{\frac{q\cos\varphi}{q\sin\varphi}}_{\cot\varphi}\underbrace{(-\cos(q\cos\varphi + \delta_n))\,q\sin\varphi}_{y_2'}. \tag{35}$$

Die Funktionen (30) und (31) lassen sich zusammen mit ihren Ableitungen durch ein System entsprechend Abb. 9 verwirklichen.

Problematisch bei dieser Art der Funktionsbildung ist, daß der Diodenfunktionsgeber dem Kotangens entsprechend programmiert werden muß. Dieser strebt jedoch bekanntlich für $\varphi \to 0°$ und $180°$ gegen unendlich. Der Bereich in der Nähe dieser Werte ist nicht zu approximieren und im weiteren Abstand von diesen beiden Werten nur recht grob. Außerdem lag die zur Realisierung notwendige Zahl von Rechnerelementen über der zur Verfügung stehenden. Es hätten daher große Einsparungen vorgenommen werden müssen, die die Weiterarbeit an diesem Programm blockierte.

1.1.3. Genauigkeitsüberprüfung eines simulierten Zweielement-Gruppendiagramms durch Vergleich mit dem BERNDT-Verfahren

Wie erwähnt, läßt sich das Ergebnis einer Berechnung auf dem Analogrechner bei repetierendem Betrieb auf einem Oszillographenschirm der Größe von etwa 8×12 cm darstellen. Bei einer Wandstärke dieses Schirms von ca. 0,5 cm kann durch Auftreten der Parallaxe beim Ablesen oder Fotografieren und der relativ breiten Stärke des geschriebenen Strahls ein relativer Gesamtfehler von etwa fünf Prozent nicht unterschritten werden. Daher empfiehlt sich die Ausgabe über einen hochwertigen Schreiber, dessen Strichstärke bei etwa zwei Zehntel Millimeter liegt (Abb. 10a). Solche Zeichengenauigkeit kann durch das bereits genannte BERNDT-Verfahren [2, 3] erreicht werden (Abb. 10b), das $\underline{M}(\varphi)$ in Polarkoordinaten angibt [67].

Überträgt man die BERNDTschen Werte (Abb. 10b) mit Hilfe eines Stechzirkels o. ä. auf die Simulationskurve (Abb. 10a), so ergibt sich – durch vergleichendes Nachmessen – bis auf die Umgebung der Diagramm-Nullstelle bei $\varphi = 52°$ (verrauschtes Simulationssignal) eine maximale, relative Genauigkeit von $5°/_{00}$, was für praktische Zwecke ausreicht. Die Unsicherheit der Nullstelle (Abb. 10a) kann dadurch vermieden werden, indem man statt des Betrages von $\underline{M}$ den Real- oder Imaginärteil zusätzlich schreibt, wie es in Abb. 15c gezeigt ist.

1.1.4. Genauigkeitsüberprüfung eines simulierten Zweielement-Gruppenstrahlerdiagramms durch Vergleich mit KINGschen Berechnungen

Ein weiterer Vergleich zwischen einer Simulationskurve in Abb. 12a und berechneten Werten von KING [11], die mit Kreuzen bezeichnet sind, erbringt den gleichen maximalen, relativen Fehler von $5°/_{00}$; das Maximum der Abweichung liegt bei etwa $50° < \varphi < 60°$, also auf der Flanke der M-Kurve. Für die Bereiche der Nullstellen gilt das gleiche wie bei Abb. 10.

2. Simulationsergebnisse

2.1 Zweielement-Gruppendiagramme

Wie schon aus den Abb. 7 und 8 ersichtlich ist, sind die Parameter Elementamplitude $|\underline{p}_n|$, Einspeisungsphase am Element δ_n und Elementabstand pro Freiraumwellenlänge d_n/λ (dem δ_g entsprechend (1)) durch Potentiometer einstellbar; die einfachste Gruppe besteht aus zwei Elementen, so daß es nahe lag, zunächst hieran Vorversuche auszuführen. Daher kann hier der Index n noch weggelassen werden. In den nun zu diskutierenden, ausgeschriebenen Resultaten für den Betrag des Gruppenfaktors (Abb. 10–15) treten aus Gründen der Einfachheit und Vergleichbarkeit (Abb. 10, 12a) mit Ergebnissen anderer Arbeiten nur δ_n und d_n/λ, nicht aber $|\underline{p}_n|$ als Variable auf. In allen folgenden Darstellungen hat man sich die beiden Elemente auf der φ-Achse liegend zu denken (Abb. 1). Abb. 10 wurde bereits in Abschnitt 1.1.4. besprochen.

Da in Abb. 11 der Elementabstand $\lambda/4$ beträgt und die Einspeisephase in charakteristischen Stufen, a) 45°, b) 90°, c) 135°, variiert wurde, zeigt der hier vorliegende Längsstrahler (Hauptazimut: $\varphi = 180°$) einen stärker werdenden Einzug, der zu einem Rückzipfel führt. Normalerweise müßte bei diesem relativ geringen Elementabstand im realen Fall (Dipolelemente) die Strahlungskopplung mitberücksichtigt werden. Abb. 12 beschreibt den Übergang eines Querstrahlers ($d = \delta/2$). Abb. 12a: $\delta_n = 0°$ durch Veränderung der Einspeisephasen zum Längsstrahler (Fig. 12b: $\delta_n = 45°$, 12c: $\delta_n = 90°$); die Nullstelle verlagert sich dabei von 46° (Abb. 12b) auf 62° (Abb. 12c).

Abb. 13 zeigt den Fall eines Elementabstandes von $d = 3\lambda/4$, von dem ab erfahrungsgemäß bei Dipol- oder Schlitzelementen die sonst zu beachtende Strahlungskopplung vernachlässigt werden kann. Der durch $\delta_n = 0°$ entstehende Querstrahler (Abb. 13a) weist bei endlichem δ_n eine gewisse Diagramm-Auffiederung auf (Abb. 13b: $\delta_n = 135°$, Abb. 13c: $\delta_n = 180°$). Einen Vergleich nahe beieinander liegender d/λ-Werte bei gleichem δ_n-Parameter (45°) bringt Abb. 14. Ein Verändern des d/λ-Potentiometers von 1 auf 9/8 ergibt eine geringfügige Drehung der ersten (71°) und zweiten (128°) Nullstelle auf 74° und 125° bei fast gleichen Maxima. Abb. 15 zeigt für konstantes $d/\lambda = 1$ wachsende δ_n-Werte, wobei sich das Azimut-Diagramm von zwei auf drei Nullstellen auffiedert. Das starke Rauschen bei derart geringen Signalspannungen (Nullstellen) erklärt sich aus der Tatsache, daß der Operationsverstärker in der Schaltung für die Betragsbildung nahezu offen arbeitet. Der Grund hierfür ist der äquivalente Gegenkoppelwiderstand des im Rückführungszweig liegenden Diodennetzwerkes, der bei kleinen Signalspannungen sehr groß ist. Dies ist aber keine besondere Einschränkung, denn man kann, wie aus Abb. 15a und b zu entnehmen ist, durch besonderes Ausschreiben des Imaginärteiles die Lage der Diagrammnullstellen ausreichend genau erkennbar machen.

2.2 Mehrelement-Gruppendiagramme

Gegen Ende der Untersuchungen war die Rechnerbestückung mit Verstärkern u. ä. ausreichend, um auch Mehrelementgruppen zu simulieren. Hier wurden wiederum grundsätzlich die Genauigkeitsüberlegungen angestellt, auf die in 1.1.3 und 1.1.4 eingegangen worden ist. Um eine günstige Vergleichsmöglichkeit zu haben, wurden vor allem in Anlehnung an bekannte Arbeiten, z. B. KRAUS [5], häufig behandelte Strahlungsdiagrammformen für den Rechner programmiert. Die für eine zum Koordinatenursprung symmetrische Fünf-, Sieben- und Neun-Elementgruppe mit dem Schreiber aufgezeichneten Strahlungsdiagramme sind in Abb. 16 und 17 wiedergegeben. Die

Amplitude wurde für den Hauptazimut jeweils auf Eins normiert und in bekannter Weise über dem Gruppenwinkel ψ (im Gegensatz zu den Abb. 2, 10–15, wo der Azimut φ galt) aufgetragen.

Bis auf die genannten Amplitudenfehler bei den Nullstellen des Diagramms decken sich die aufgezeichneten Kurven völlig mit den berechneten. Die Abweichung bei den Nullstellen erklärt sich wiederum aus der bereits mehrfach besprochenen Schaltung zur Betragsbildung. Hierzu sind inzwischen bereits verschiedene Versuche angestellt worden, die erwarten lassen, daß sich bei voller Beibehaltung der Allgemeingültigkeit der Simulation dennoch ein besseres Ergebnis erzielen läßt. In jedem Fall liegen die Diagrammnullstellen genau an den erwarteten Stellen. Die Amplitude der Nebenzipfel ist ebenfalls korrekt aufgezeichnet. Allein aus dem Grund der Vergleichbarkeit mit früheren Ergebnissen [5] wurde die elektrische Phase für alle Gruppenstrahler der Abb. 16 und 17 auf 180° eingestellt. Als interessante Ergänzung zu Abb. 17a (neun Elemente) wurde Abb. 17b für die gleiche Parameterwahl bis auf das Zu-Null-Drehen der $|\underline{p}_n|$-Potentiometer der beiden zweitletzten Elemente der Neunergruppe aufgezeichnet. Nun kann man die neu entstandene Gruppe als eine solche mit sieben nicht äquidistanten Elementen oder eine mit neun ungleicher Amplitude betrachten; das durch diese Veränderung bedingte Wachsen weiter abliegender Nebenzipfel ist für solche Maßnahmen typisch.

Wie die TSCHEBYSCHEFF-Koeffizienten [5, 22] zu einer Belegung gebildet werden, die zu einem Acht-Element-Gruppendiagramm nach Abb. 18a führt, wird nun in knapper Form abgeleitet.

Die ersten TSCHEBYSCHEFF-Polynome lauten:

$$T_0(x) = 1 \tag{36}$$

$$T_1(x) = x \tag{37}$$

$$T_2(x) = 2x^2 - 1 \tag{38}$$

$$T_3(x) = 4x^3 - 3x \tag{39}$$

$$T_4(x) = 8x^4 - 8x^2 + 1 \tag{40}$$

$$T_5(x) = 16x^5 - 20x^3 + 5x \tag{41}$$

$$T_6(x) = 32x^6 - 48x^4 + 18x^2 \tag{42}$$

$$T_7(x) = 64x^7 - 112x^5 + 56x^3 - 7x. \tag{43}$$

Es soll nun die Amplitudenbelegung der Gruppe von acht Strahlern berechnet werden, die eine Nebenzipfeldämpfung von 26 dB (unter dem Hauptkeulen-Pegel) erzeugt. Bei gerader Strahlerzahl ($n = 8$) gilt

$$E = 2 \sum_{n=0}^{n=N-1} p_n \cos\left((2n+1) \cdot \frac{\psi}{2}\right) \tag{44}$$

mit

$$\psi = (2\pi d/\lambda) \cdot \cos\varphi \tag{45}$$

und

$$N = n/2 \tag{46}$$

wird

$$E = 2 \sum_{n=0}^{n=3} p_n \cos\left((2n+1) \cdot \frac{2\pi d}{\lambda} \cos\varphi\right). \tag{47}$$

Der vor der Summe stehende Faktor kann wegen der Normierung entfallen; also wird

$$E = p_0 \cos(\psi/2) + p_1 \cos(3\psi/2) + p_2 \cos(5\psi/2) + p_3 \cos(7\psi/2). \tag{48}$$

Mit Additionstheoremen ergibt sich

$$E = p_0 \cos(\psi/2) + p_1 (4\cos^3(\psi/2) + 3\cos(\psi/2)) + p_2 (16\cos^5(\psi/2) - 20\cos^3(\psi/2) +$$
$$+ 5\cos(\psi/2)) + p_3 (64\cos^7(\psi/2) - 112\cos^5(\psi/2) + 56\cos^3(\psi/2) -$$
$$- 7\cos(\psi/2)) \tag{49}$$

und dem Setzen von

$$\cos(\psi/2) = z \tag{50}$$

wird

$$E_8 = 64 p_3 z^7 + (16 p_2 - 112 p_3) z^5 + (4 p_1 - 20 p_2 + 56 p_3) z^3 +$$
$$+ (p_0 - 3 p_1 + 5 p_2 - 7 p_3) z. \tag{51}$$

Das entsprechende TSCHEBYSCHEFF-Polynom ist aber bei gleichem Grad

$$T_7(x) = T_{(n-1)}(x). \tag{52}$$

Gl. (51) und (43) liefern also die Werte für den Koeffizientenvergleich. Da nun die Nebenzipfeldämpfung größer als eins sein soll (26 dB), muß auch ein entsprechender x_R-Wert [5] berechnet werden, bei dem das Polynom die vorgegebene Bedingung erfüllt. Mit

$$R = \frac{\text{Hauptzipfelmaximum}}{\text{Nebenzipfelhöhe}} = 20 \tag{53}$$

für 26 dB und

$$m = n - 1 \tag{54}$$

wird

$$x_R = \frac{1}{2} \left(R + \sqrt{R^2 - 1} \right)^{1/m} + \left(R - \sqrt{R^2 - 1} \right)^{1/m}, \tag{55}$$

also

$$x_R = 1{,}15. \tag{56}$$

Damit erhält man

$$z = x/x_R, \tag{57}$$

und Gl. (51) liefert

$$E_8 = 64 p_3 x^7/x_R^7 + (16 p_2 - 112 p_3) x^5/x_R^5 + (4 p_1 - 20 p_2 + 56 p_3) x^3/x_R^3 +$$
$$+ (p_0 - 3 p_1 + 5 p_2 - 7 p_3) x/x_R. \tag{58}$$

Mit dem Koeffizientenvergleich der Glieder gleichen Grades erhält man folgende Tabelle

n	0	1	2	3	4	5	6
p_n	2,66	4,56	6,82	8,25	6,82	4,56	2,66
p'_n	1	1,7	2,6	3,1	1,6	1,7	1

Hierbei beschreibt p'_n eine Normierung auf den 0-ten Strahler.

Das schließlich in Abb. 18b gezeigte Diagramm resultiert aus einer Belegung der neun Elemente nach der Binomialreihe (PASCALsches Dreieck), die zu einer Nebenzipfeldämpfung von mehr als 26 dB führt; die Nebenzipfel liegen hier unterhalb des erwähnten Rauschpegels. Der bekannte Nachteil der Binomialbelegung ist eine oft unerwünschte Verbreiterung der Hauptkeule, die durch Vergleich mit den anderen Diagrammen leicht festzustellen ist.

3. Zusammenfassung und Ausblick

Die vorliegenden Untersuchungen zur Simulation linearer Strahlergruppen auf einem handelsüblichen Analogrechner gingen auf Grund der gegebenen Möglichkeiten vorzugsweise auf eine grundsätzliche Betrachtung insbesondere der erzielbaren Genauigkeiten sowie der erwünschten Variabilität der Parameter aus. Sie zeigen im wesentlichen, daß die Präzision moderner Anlagen so gut ist, daß im Rahmen der Zeichengenauigkeit keine erkennbare Abweichung vom eigentlichen Wert auftritt.
Der außerordentliche Vorteil des Verfahrens besteht darin, daß die diagrammbestimmenden Parameter für jeden Strahler bzw. für jedes Strahlerpaar, jeder für sich genommen, von Hand beliebig variiert werden können. Der sich hieraus ergebende Einfluß kann unmittelbar auf dem Sichtgerät beobachtet werden oder auf dem X-Y-Schreiber aufgezeichnet werden. Bisher konnten nur sehr einfache Anordnungen untersucht werden. Es ist aber vorgesehen und bereits in Angriff genommen worden, kompliziertere, lineare Gebilde zu simulieren. Dabei wird insbesondere der aus Ökonomiegründen interessante Fall von Anordnungen mit nicht äquidistanten Abständen der Strahler gegeneinander sowie einer gleichzeitigen, unterschiedlichen Bewertung der Phase der Erregung ins Auge gefaßt. Die bisherigen Ergebnisse lassen erwarten, daß auch zweidimensionale Strahleranordnungen im bezug auf das Azimutaldiagramm simuliert werden können. Dabei wird allerdings die Programmierung wegen der begrenzten Rechnerkapazität wesentlich wirtschaftlicher gestaltet werden müssen. Das Gleiche gilt für eine gleichzeitige Berücksichtigung der Verkopplung der Strahler untereinander. Bei den bisherigen Arbeiten wurde diese Verkopplung noch nicht berücksichtigt, sie ist aber grundsätzlich von der Simulation her möglich, sofern nur die Koppeleffekte durch theoretische Untersuchungen oder Modellmessungen für die Strahlerabstände bekannt sind.
Durch den Einsatz einer digitalen Ergänzungseinheit, mit deren Hilfe der Analogrechner logisch gesteuert werden kann, werden die gegebenen Möglichkeiten voraussichtlich erheblich erweitert; auch hierüber konnten bereits eine Reihe von Voruntersuchungen angestellt werden, da der Rechnerhersteller, die Firma Electronic Associates Inc. (EAI), entgegenkommenderweise eine derartige Anlage als Leihgabe zur Verfügung gestellt hatte. Bei dieser Gelegenheit sei hier den Herren der Aachener Niederlassung von EAI, insbesondere Herrn Geschäftsführer H. J. Jungbauer, besonderen Dank ausgesprochen. Durch die großzügige Bereitstellung von Rechnerkomponenten und der digitalen Steuereinheit DES 30 wurden große Teile der genannten Untersuchungen überhaupt erst ermöglicht.
Die Verfasser danken Herrn cand. ing. W. Pielsticker für seine Mithilfe bei den Arbeiten am Rechner.

Literaturverzeichnis

[1] BRÜCKMANN, H., Antennen, ihre Theorie und Technik, Hirzel, Leipzig (1939), 300 S.
[2] BERNDT, W., Amplituden-, Abstands- und Phasenbedingungen bei Antennenkombinationen, Zeitschr. f. Hochfrequenztechn., 44, 23 (1934), S. 23–28.
[3] ZUHRT, H., Elektromagnetische Strahlungsfelder, Springer, Berlin (1953), S. 272–312.
[4] WEEKS, W. L., Antenna Engineering, McGraw Hill, New York (1968), S. 62–135.
[5] KRAUS, J. D., Antennas, McGraw Hill, New York (1950), S. 57–126, 279–323.
[6] MEINKE, H. H., Einführung in die Elektrotechnik höherer Frequenzen, Bd. 2, Elektromagnetische Felder und Wellen, Springer, Berlin (1966), S. 174–224.
[7] JASIK, H., Antenna Engineering Handbook, McGraw Hill, New York (1961), Kapitel 3, 5, 15.
[8] SCHELKUNOFF, S. A., und H. T. FRIJS, Antennas, Theory and Practice, J. Wiley a. Sons, New York (1952), S. 139–402.
[9] KÜHN, R., Mikrowellenantennen, VEB-Technik, Berlin (1964), S. 214–249.
[10] SILVER, S., Microwave Antenna Theory and Design, ISE Dover, New York (1965), S. 318–333.
[11] KING, R. W. P., The Theory of Linear Antennas, Harvard Univ. Press, Cambridge (Mass.) (1956), S. 579–694.
[12] ZINKE, O., und H. BRUNSWIG, Lehrbuch der Hochfrequenztechnik, Springer, Berlin (1965), S. 224–229.
[13] WOLFF, E. A., Antenna Analysis, Wiley, New York (1966), S. 241–288.
[14] HANSEN, R. C., Microwave Scanning Antennas, Academic Press, New York (1966), Vol. 1, S. 1–105, Vol. 2, S. 1–69.
[15] WALTER, C. H., Traveling Wave Antennas, McGraw Hill, New York (1965), S. 267–273.
[16] AJSENBERG, G. S., Kurzwellenantennen, Fachbuch-Verlag, Leipzig (1954), S. 96–104.
[17] WILLIAMS, H. P., Antenna Theory and Design, Vol. 2, Pitman, London (1966), S. 368 bis 496.
[18] ZELKIN, Y. E., Designinga Radiating System According to a Given Radiation Pattern, A.S.T.I.A., Washington (1967), ASTIA-Document No. AD 661032, S. 63–267.
[19] NTG (VDE), Begriffe aus dem Gebiet der Antennen, Elektrische Eigenschaften, Nachrichtentechn. Zeitschr. H. 12 (1969), S. 325–330.
[20] MEINKE, H. H., und F. W. GUNDLACH, Taschenbuch der Hochfrequenztechnik, 3. Aufl., Springer, Berlin (1968), Abschnitt H., S. 485–551.
[21] DOLPH, C. L., A Current Distribution for Broadside Arrays which Optimizes the Relationship between Width and Sidelobe Level, Proc. IRE, 34 (1946), Juni, S. 335–341.
[22] KÜBLER, R., Die Approximation im Sinne TSCHEBYSCHEFFS und ihre Anwendung auf die Strahlungsfunktion einer linearen Antennenanordnung aus diskreten Strahlerelementen, Diplomarbeit No. 203, Institut f. Technische Elektronik, RWTH Aachen (1967), S. 1–94.
[23] WOODWARD, P. M., A Method of Calculating the Field over a Plane Aperture Required to Produce a Given Polar Diagramm, Proc. IEE (brit.), Vol. 93, Pt. 3a (1946), S. 1554 bis 1558.
[24] SCHELKUNOFF, S. A., Electromagnetic Waves, v. Nostrand, New York (1948), S. 331 bis 354.
[25] SCHELKUNOFF, S. A., A Mathematical Theory of Linear Arrays, Bell Syst. Techn. Journ., Vol. 22 (1943), Jan., S. 80–107.
[26] CHENG, D. K., und M. T. MA, A New Mathematical Approach for Linear Array Analysis, IRE Trans. AP-8 (1960), Mai, S. 255–259.
[27] MA, M. T., Note on Nonuniformly Spaced Arrays, IEEE Trans., AP-11 (1963), Juli, S. 508–509.
[28] MA, M. T., Optimum Nonuniformly Spaced Antenna Arrays, URSI-Symp. on Electromagnetic Wave Theory, Pt. 2, Pergamon, London (1967), S. 821–824.

[29] ARORA, R. K., und N. C. V. KRISHNAMACHARYULU, Synthesis of Unequally Spaced Arrays Using Dynamic Programming, IEEE Trans. AP–16 (1968), Sept., S. 593–595.

[30] MÜLLER, K. E., Spezielle Fragen der Diagrammsynthese, URSI-NTG-Tagungsheft, Verlag: VDE-Bezirksverein, Frankfurt (1968), Juni, S. 62–63.

[31] MÜLLER, K. E., Über Verfahren der Diagrammsynthese durch lineare Strahlergruppen mit äquidistanten Elementen, Mitt. d. Rundfunktechn. Zentralamtes d. DDR, Jahrg. 12 (1968), März, H. 1, S. 1–7.

[32] MÜLLER, K. E., Über Verfahren der Diagrammsynthese durch Linearantennen mit kontinuierlicher Belegung, Hochfr. u. El. Ak., 78 (1968), 4, S. 132–136.

[33] KING, R. W. P., R. B. MACK und S. S. SANDLER, Arrays of Cylindrical Dipoles, Cambridge Univ. Pr., New York (1968), S. 272–323.

[34] ISHIMARU, A., Theory of Unequally-Spaced Arrays, IEEE Trans. AP–10 (1962), S. 691–702.

[35] LO, Y. T., A Spacing Weighted Antenna Array, IRE Int. Convention Record, Part 1 (1962), S. 191–195.

[36] LO, Y. T., A Mathematical theory of Antenna Arrays with Randomly Spaced Elements, IEEE Trans. AP–12 (1964), Mai, S. 257–268.

[37] LO, Y. T., und S. W. LEE, A Study of Space-Tapered Arrays, IEEE Trans. AP–14 (1966), Jan., S. 22–30.

[38] SODIN, L. G., Statistical Analysis of Nonequidistant Linear Antenna Arrays, Rad. Eng. and El. Phys. 11 (1966), 2, S. 1715–1720.

[39] ISHIMARU, A., und Y. S. CHEN, Thinning and Broadbanding Antenna Arrays by Unequal Spacings, IEEE Trans. AP–13 (1965), Jan., S. 34–42.

[40] MAFFETT, A. L., Array Factors with Nonuniform Spacing Parameter, IRE Trans. AP–9 (1962), März, S. 131–136.

[41] KING, D. D., R. F. PACKARD und R. K. THOMAS, Unequally-Spaced, Broad-Band Antenna Arrays, IRE Trans. AP–8 (1960), Juli, S. 380–385.

[42] UNZ, H., und J. K. BUTLER, Fourier Transform Methods for Analyzing Nonuniform Arrays, Proc. IEEE, 53 (1965), Febr., S. 191/192.

[43] BROWN, F. W., Note on Nonuniformly Spaced Arrays, IRE Trans. AP–10 (1962), Sept., S. 639–640.

[44] UNZ, H., Linear Arrays with Arbitrarly Distributed Elements, IRE Trans. AP–8 (1960), März, S. 222–223.

[45] HARRINGTON, R. F., Sidelobe Reduction by Nonuniform Element Spacing, IRE Trans. AP–9 (1961), März, S. 187–192.

[46] ZAKSON, M. B., und V. V. MERKULOV, Nonuniform Antenna Arrays with Randomly Spaced Elements, Rad. Engrg. and El. Phys. (1964), S. 4–10.

[47] BUTLER, J. K., und H. UNZ, Beam Effiency and Gain Optimization of Antenna Arrays with Nonuniform Spacings, NBS Rad. Science, Vol. 2 (1967), Juli, S. 711–720.

[48] SANDLER, S. S., Some Equivalences Between Equally and Unequally Spaced Arrays, IRE Trans. AP–8 (1960), Sept., S. 496–500.

[49] UNZ, H., Nonuniformly Spaced Arrays, The Orthogonal Method, Proc. IEEE (1966), Jan., S. 53–54.

[50] UNZ, H., Nonuniformly Spaced Arrays, The Eigenvalue Method, Proc. IEEE 54 (1966), April, S. 676–678.

[51] BUTLER, J. K., und H. UNZ, Optimization of Beam Effiency and Synthesis of Nonuniformly Spaced Arrays, Proc. IEEE 54 (1966), Dez., S. 2007–2008.

[52] ZHIDKO, Y. M., Linear Antenna Array which Guarantee the Maximum Signal-to-Noise Ratio, Rad. Engrg. and El. Phys. 10 (1965), 1, S. 482–486.

[53] POKROVSKII, V. L., Optimum Linear Aerials Radiating at a Given Angle to the Axis, Rad. Engrg. and El. Phys. 2 (1957), 2, S. 61–69.

[54] AMELING, W., Aufbau und Wirkungsweise elektronischer Analogrechner, Vieweg, Braunschweig (1963), 344 S.

[55] JEUKEN, M., und A. MEIJER, Linear Arrays with Unequally Spaced Radiators, URSI-Symp. on Electromagnetic Wave Theory, Pt. 2, Brown, Pergamon-Press, London (1967), S. 789–798.

[56] MEIJER, A., The use of the Convolution Theorem and the Generalized Sampling Theorem in Evaluating Arbitrary Arrays, IEEE Trans. AP-14 (1966), No. 4, Juli, S. 503-505.

[57] RUBIN, A. I., J. P. LANDAUER und H. Q. TOTTEN, Far Field Antenna Pattern Calculations by means of a General Purpose Analog Computer, Proceedings of the Nat. Electronics Conf., Vol. 15 (1959), Okt., Chicago, Ill.

[58] ANDREASEN, M. G., Linear Arrays with Variable Interelement Spacings, IRE Trans. AP-10 (1962), März, S. 137-143.

[59] VAN DER REE, I. A., Analysis and Synthesis of the Radiating Nearfield of Array and Line Source Antennae, URSI-Symp. on Electromagnetic Wave Theory, Pergamon Press, London (1967), Pt. 2, S. 799-814.

[60] MEIJER, A., Simulation of Far-Field Patterns of Unequally Spaced Linear Arrays, URSI-Symp. on Electromagnetic Theory, Stresa (Italy) (1968), Juni, Paper No. 97, S. 1-41.

[61] WOHLLEBEN, R., Antennen – Theorie und Anwendungen –, Umdruck zur Antennenvorlesung, Inst. f. Techn. Elektronik der RWTH Aachen (1968), S. 1-1 bis 10-4.

[62] HORTENBACH, K., Arbeitsweise und Einsatzmöglichkeiten hybrider Analogrechner, Elektron. Datenverarbeitung (1968), H. 3, S. 124-132.

[63] RUBIN, I., Persönliche Mitteilung (Hybrid Computation), Princeton, N.-J. (1969).

[64] FRANKLIN, P., An Introduction to FOURIER Methods and the LAPLACE Transformation, Dover-Science (ISE), New York (1953), 299 S.

[65] ROGERS, A. E., und T. W. CONNOLLY, Analog Computation in Engineering Design, McGraw Hill, New York (1960), S. 127-137.

[66] PIELSTICKER, W., Simulation einfacher, nicht strahlungsgekoppelter Gruppenstrahler auf dem Analogrechner, Wahlarbeit No. 412, Institut für Technische Elektronik der RWTH Aachen (1969), März, S. 1-89.

[67] KLEY, A., und E. HEIM, Ein elektronischer Koordinatenwandler, Telefunken-Zeitung 39 (1966), H. 1, S. 60-65.

Anhang

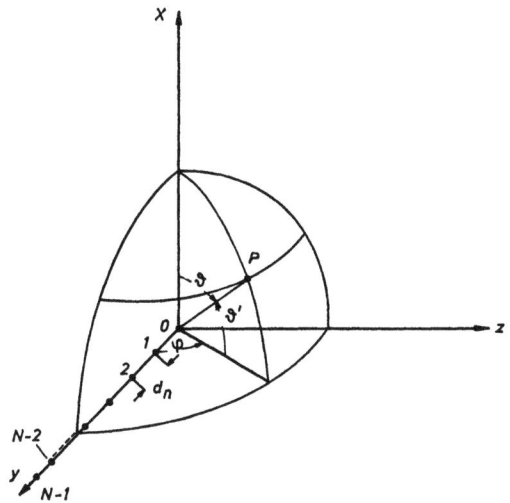

Abb. 1 Linearer Gruppenstrahler im kartesischen und Kugelkoordinatensystem

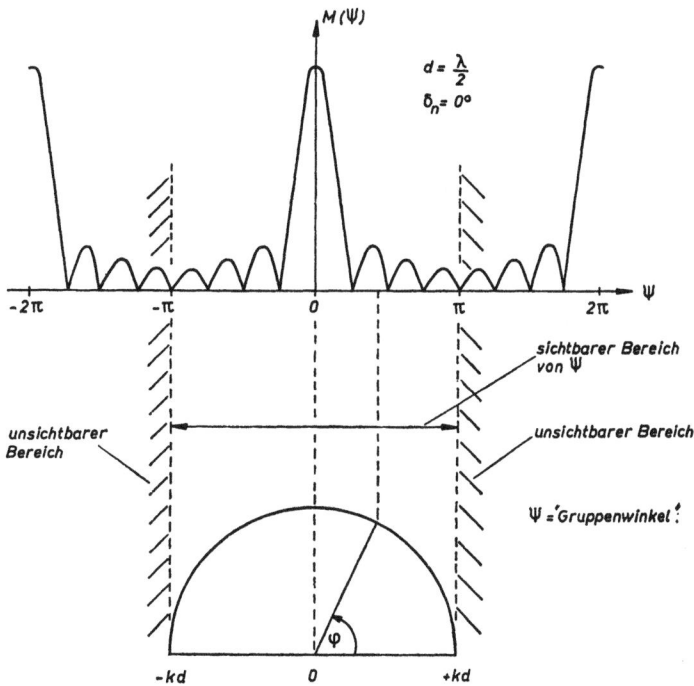

Abb. 2 Sichtbarer und unsichtbarer Bereich in der Gruppenstrahler-Theorie

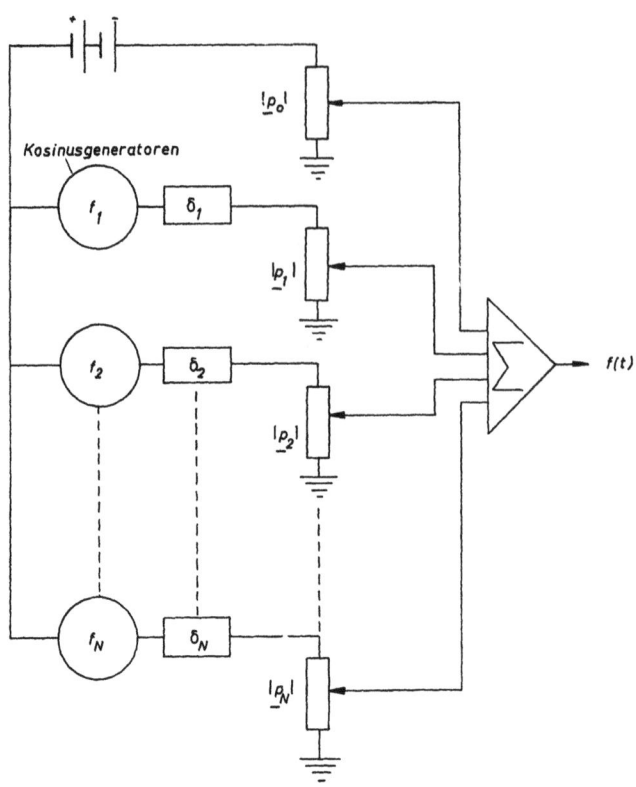

Abb. 3 Analogrechnerschaltung mit harmonischen Kosinusgeneratoren (FOURIER-Analyse) nach [60]

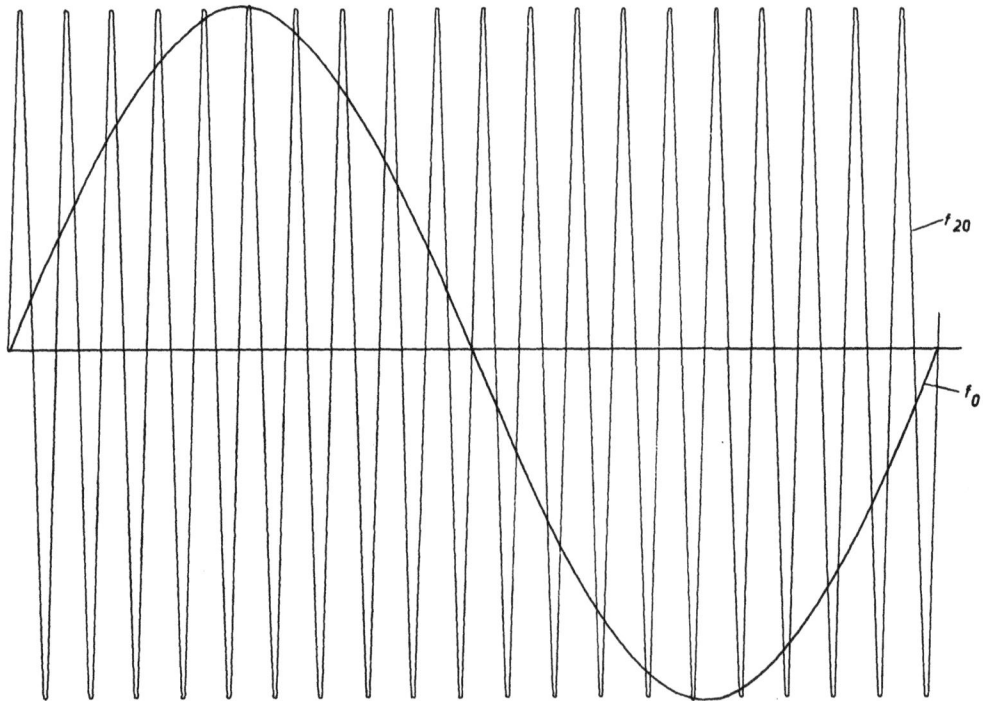

Abb. 4 Nulldurchgang-Kontrolle der zwanzigsten Harmonischen

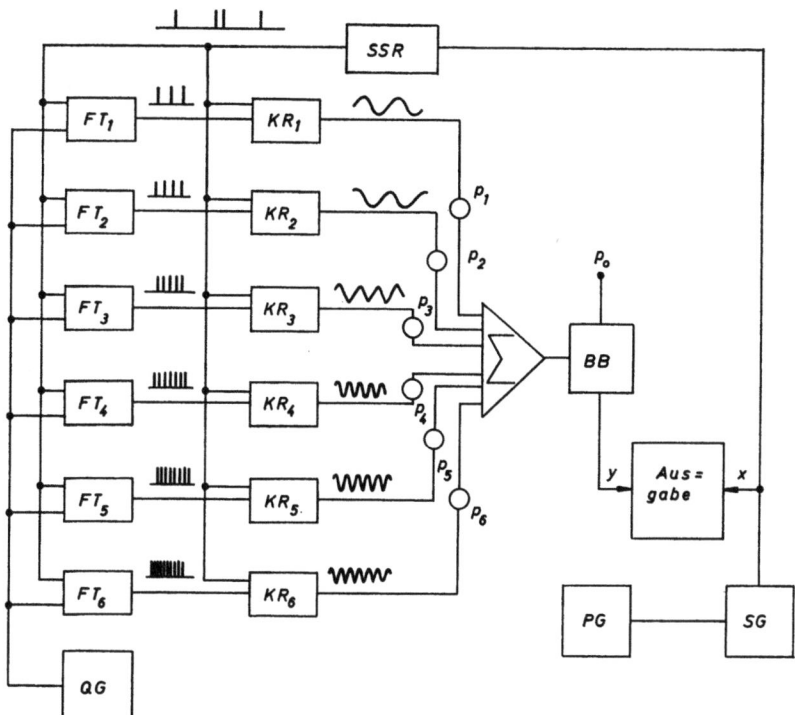

Abb. 5 Analogrechnerschaltung mit Funktionsgeneratoren nach [60]

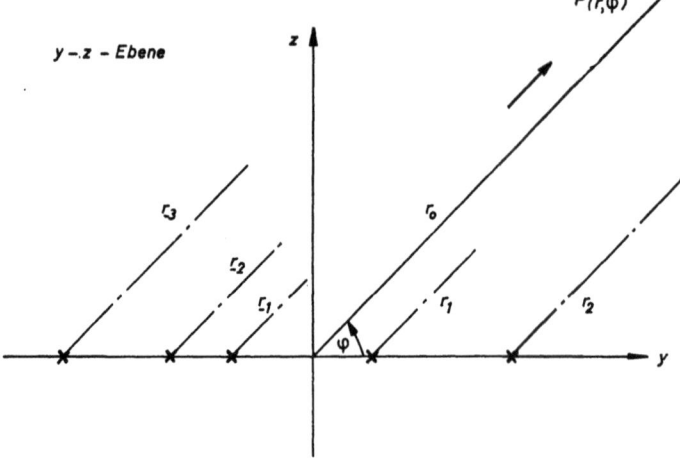

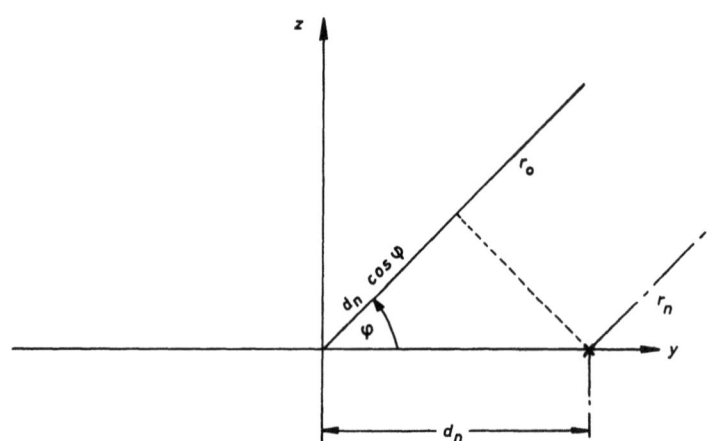

Abb. 6 Anordnung einer linearen Strahlergruppe in der Azimutebene

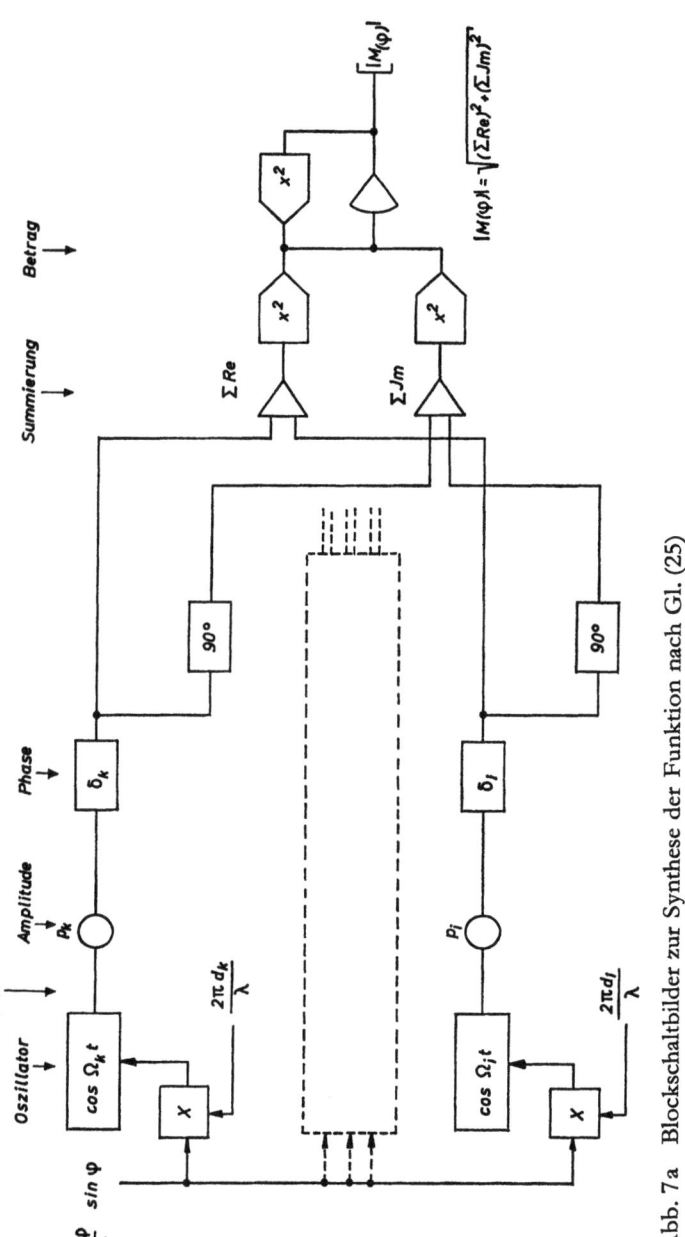

Abb. 7a Blockschaltbilder zur Synthese der Funktion nach Gl. (25)

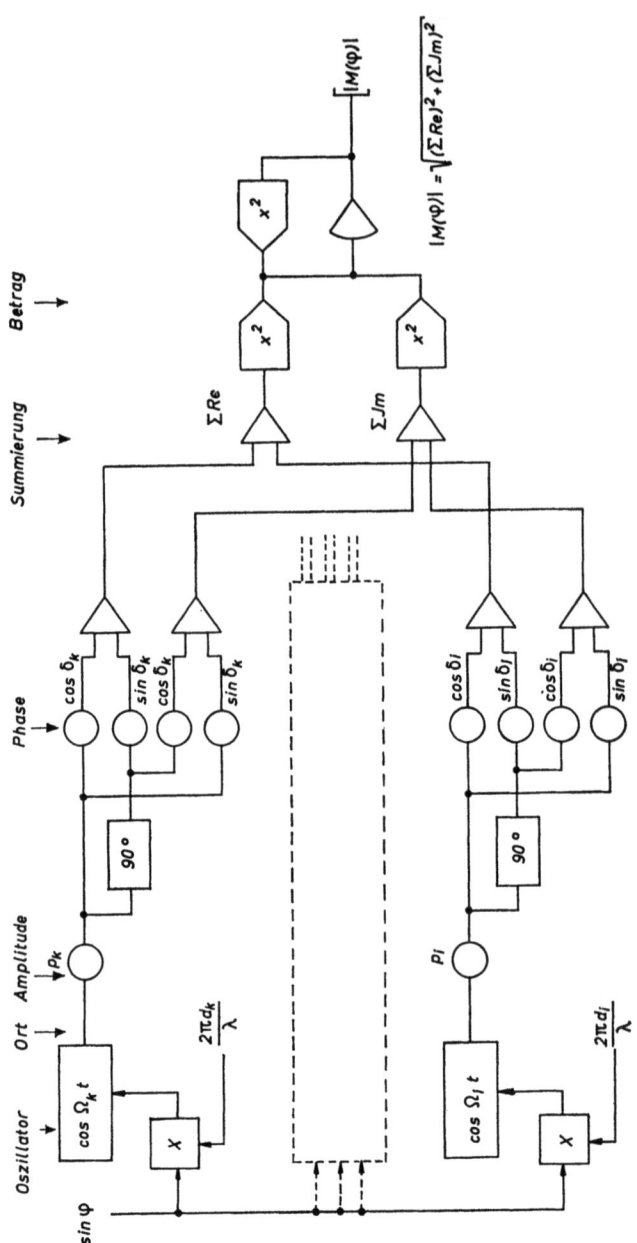

Abb. 7b Blockschaltbilder zur Synthese der Funktion nach Gl. (27)

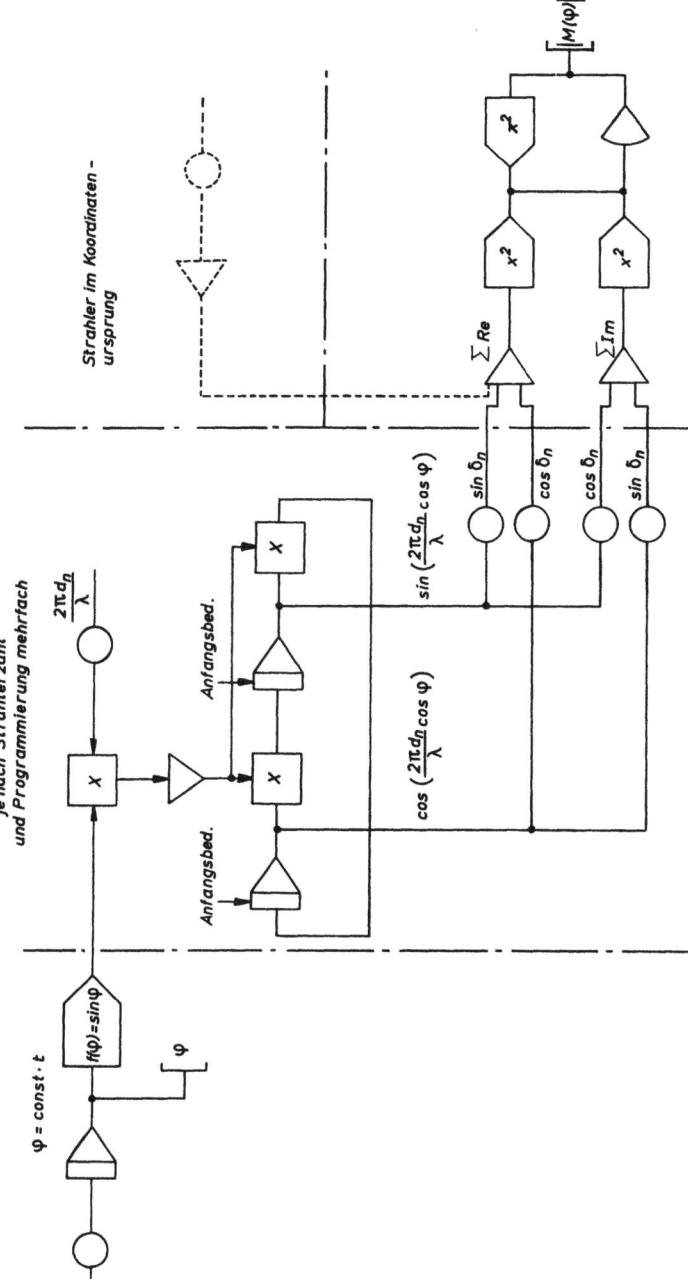

Abb. 8   Rechenschaltung zur Simulation linearer Gruppenstrahler

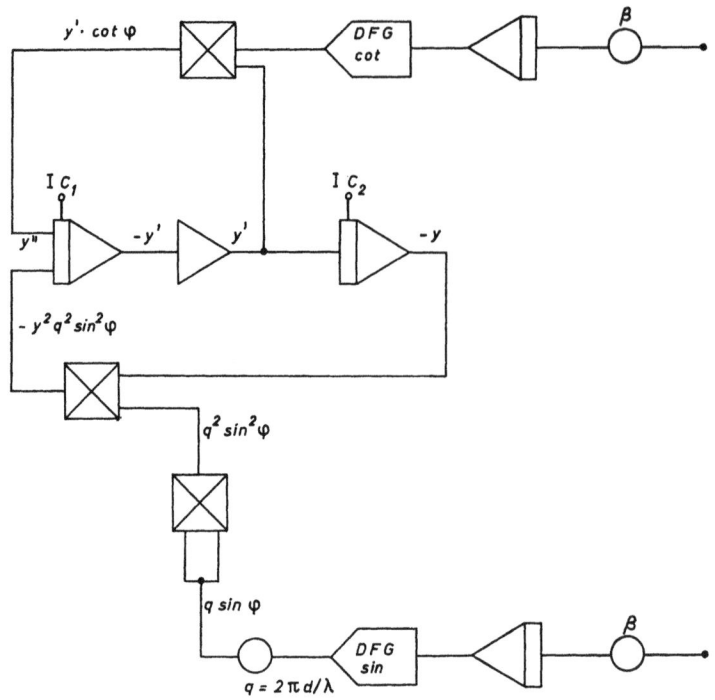

Abb. 9   Rechnerschaltung zu einer unzweckmäßigen Simulationsart

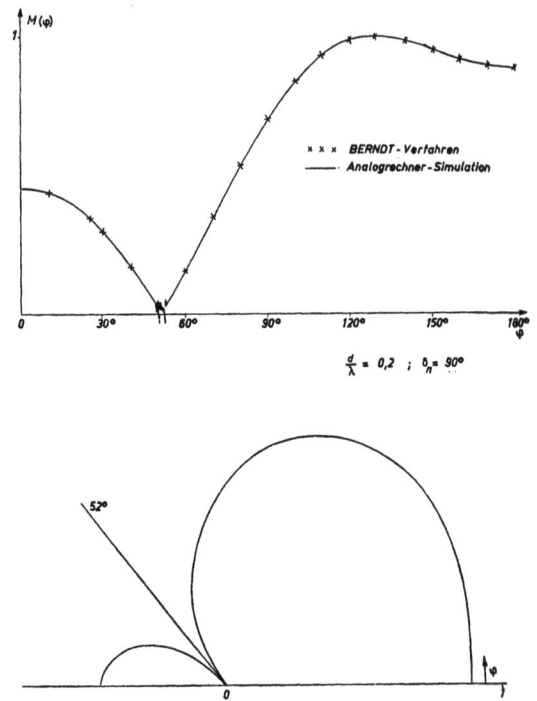

Abb. 10   Vergleich einer Simulationskurve mit einer solchen nach dem grafischen Verfahren von BERNDT [2] $d/\lambda = 0{,}2$; $\delta_n = 90°$, $p_n = $ const

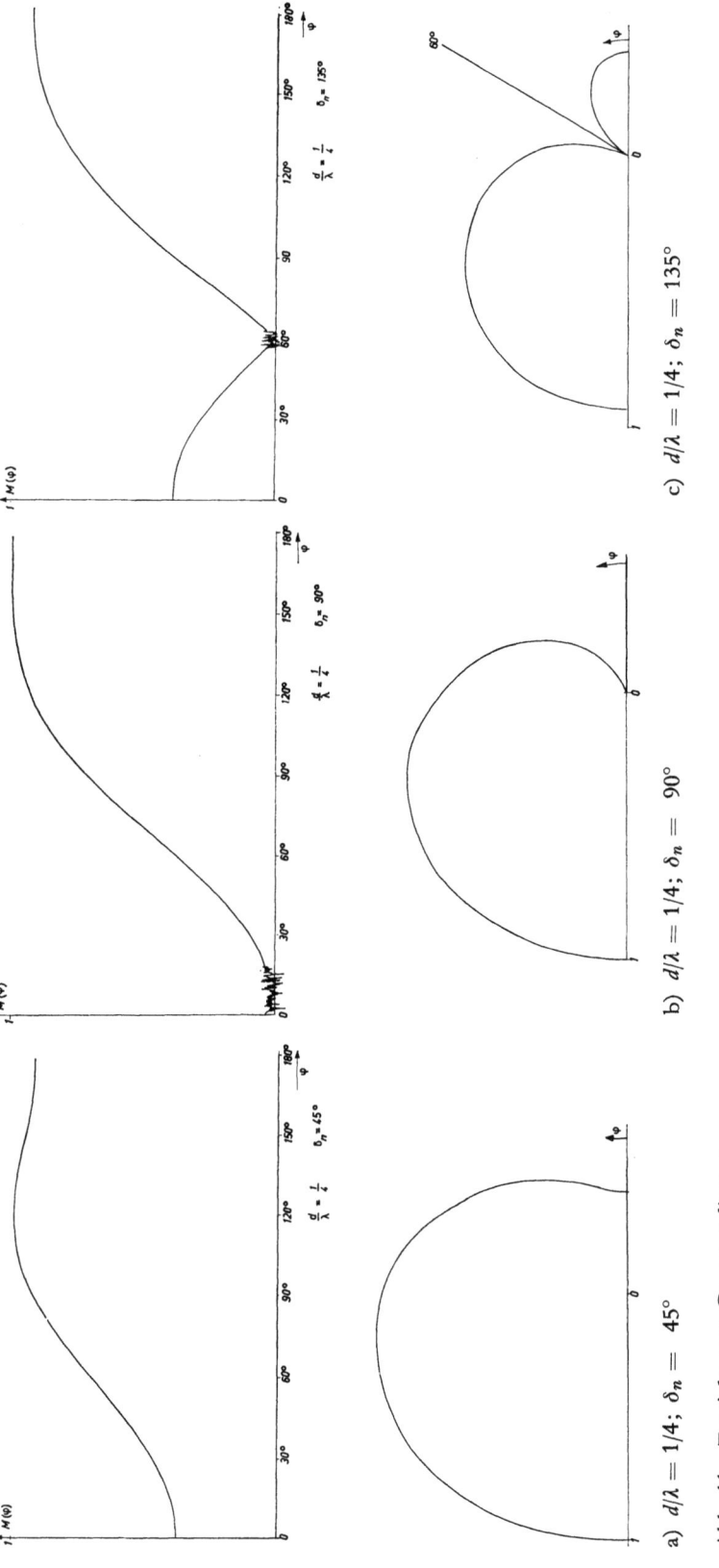

a) $d/\lambda = 1/4$; $\delta_n = 45°$
b) $d/\lambda = 1/4$; $\delta_n = 90°$
c) $d/\lambda = 1/4$; $\delta_n = 135°$

Abb. 11 Zweielement-Gruppendiagramme

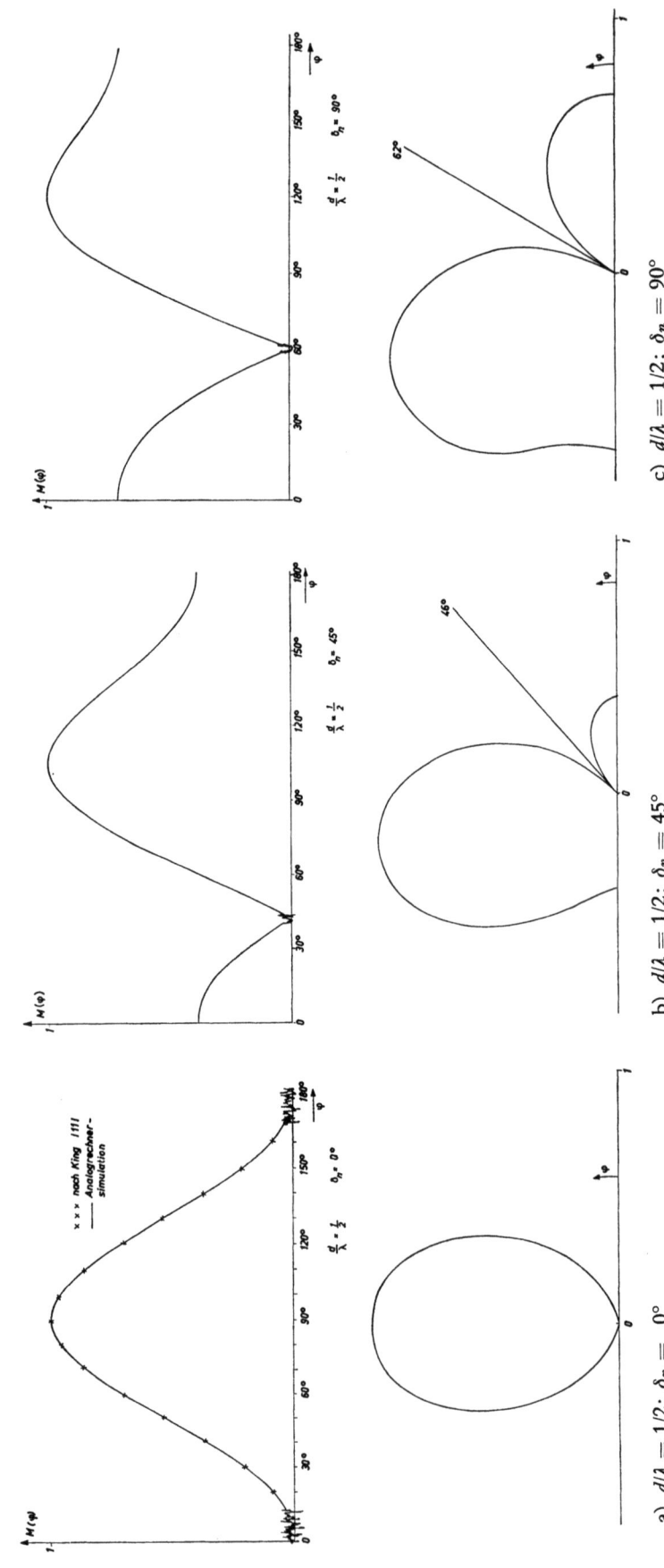

a) $d/\lambda = 1/2$; $\delta_n = 0°$

b) $d/\lambda = 1/2$; $\delta_n = 45°$

c) $d/\lambda = 1/2$; $\delta_n = 90°$

Abb. 12   Zweielement-Gruppenfaktor

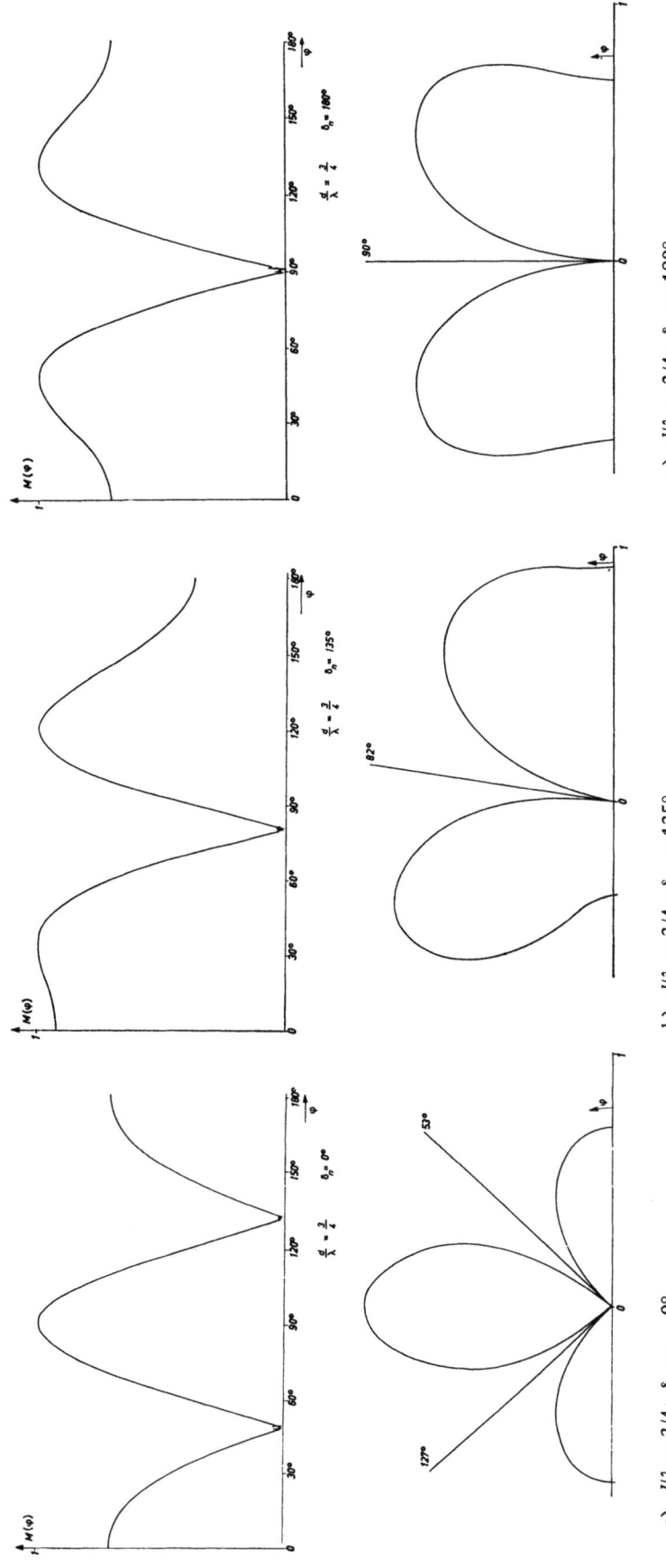

a) $d/\lambda = 3/4$; $\delta_n = 0°$

b) $d/\lambda = 3/4$; $\delta_n = 135°$

c) $d/\lambda = 3/4$; $\delta_n = 180°$

Abb. 13 Zweielement-Gruppenfaktor

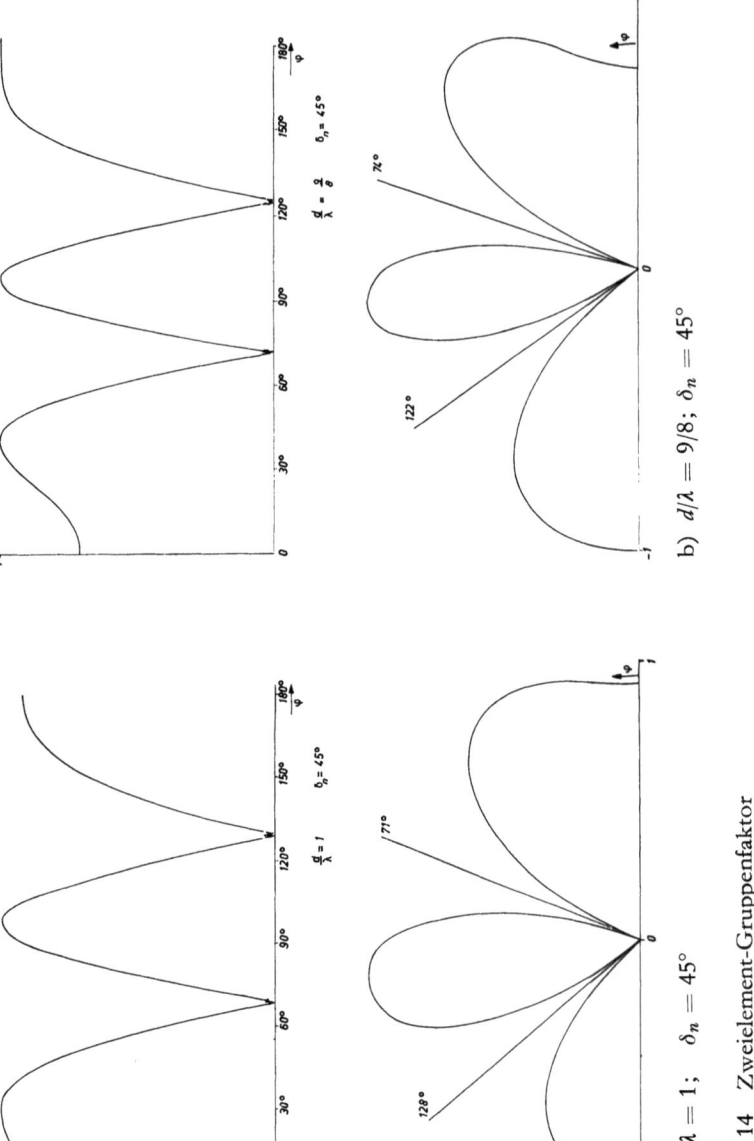

a) $d/\lambda = 1$; $\delta_n = 45°$

b) $d/\lambda = 9/8$; $\delta_n = 45°$

Abb. 14 Zweielement-Gruppenfaktor

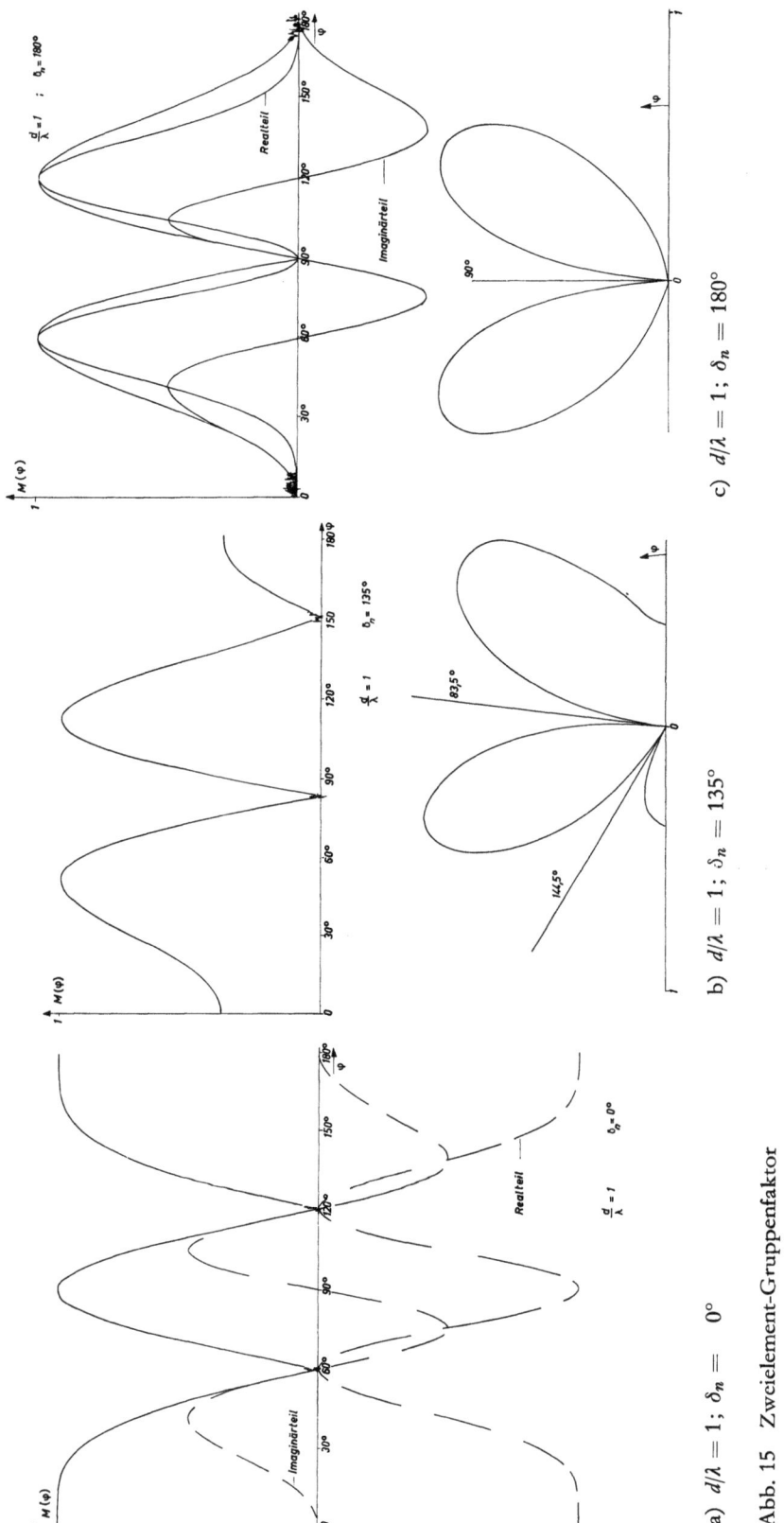

a) $d/\lambda = 1$; $\delta_n = 0°$

b) $d/\lambda = 1$; $\delta_n = 135°$

c) $d/\lambda = 1$; $\delta_n = 180°$

Abb. 15 Zweielement-Gruppenfaktor

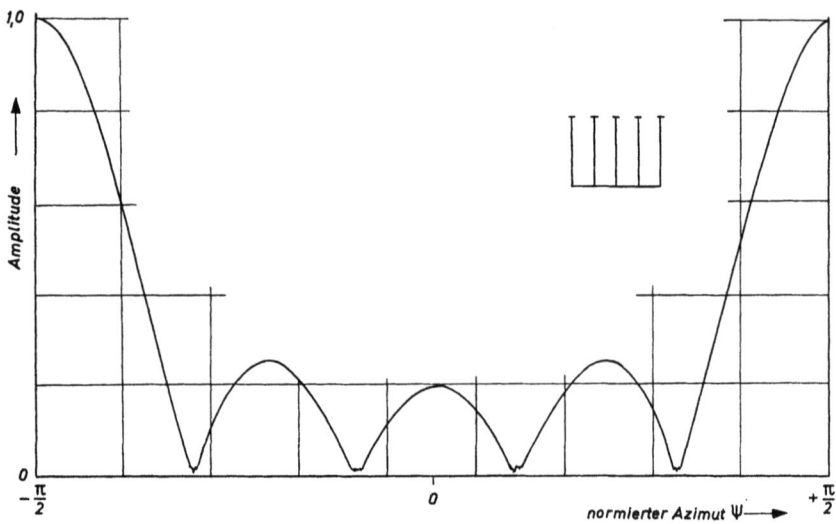
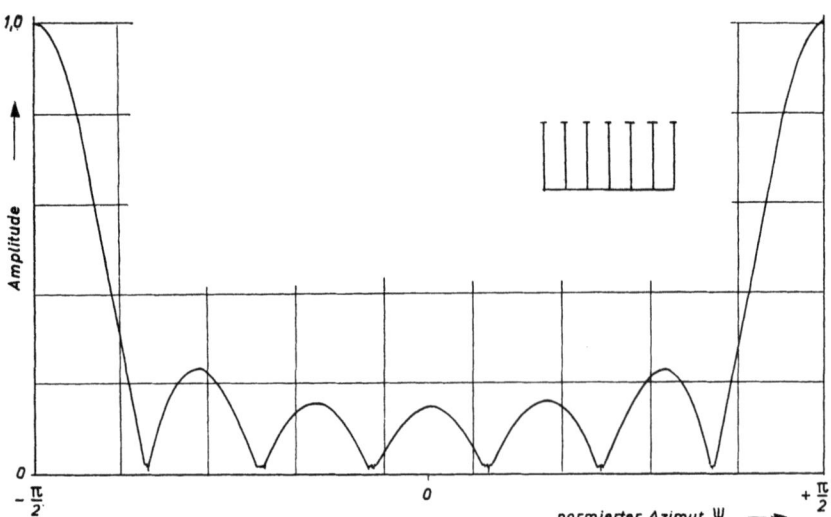

Abb. 16 Fernfelddiagramme von Gruppenstrahlern
    a) 5 Elemente, $d/\lambda = 1/2$, $p_n = $ const
    b) 7 Elemente, $d/\lambda = 1/2$, $p_n = $ const

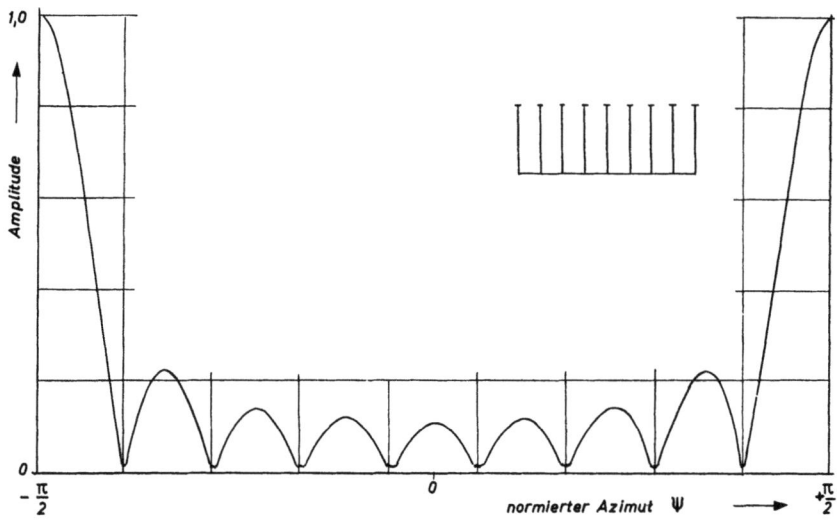

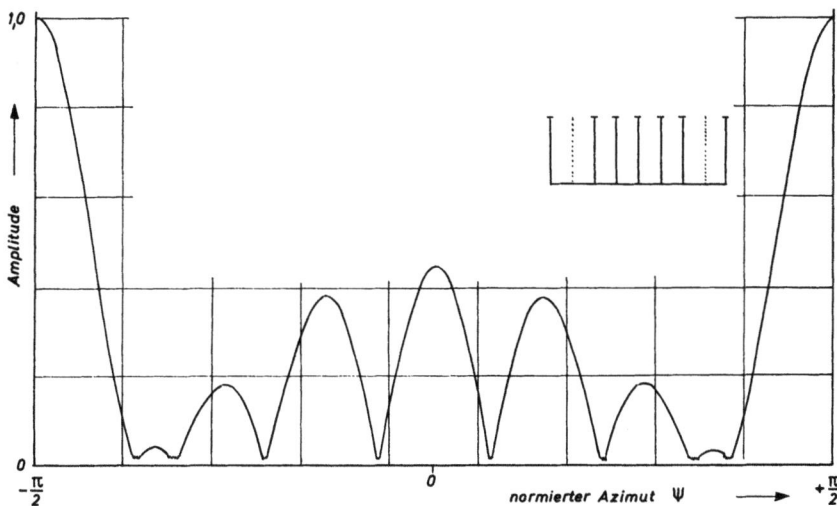

Abb. 17 Fernfelddiagramm eines Neunelement-Gruppenstrahlers
a) alle Elemente eingeschaltet $d/\lambda = 1/2$, p_n = const
b) die beiden vorletzten Elemente abgeschaltet

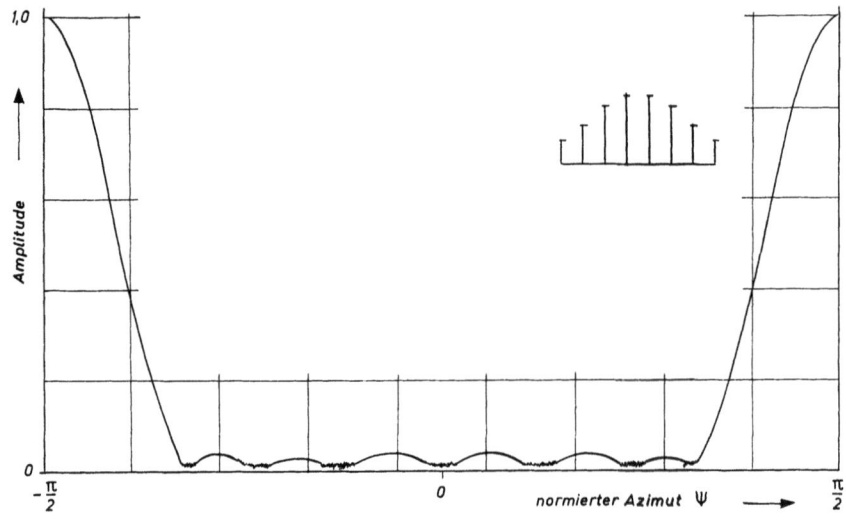

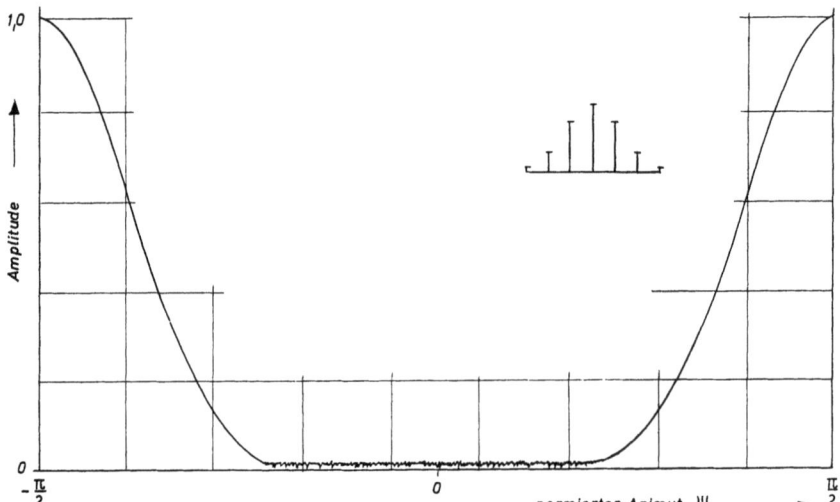

Abb. 18 Fernfelddiagramme von Gruppenstrahlern
 a) 8 Elemente, $d/\lambda = 1/2$, $p_n =$ TSCHEBYSCHEFF-Verteilung
 b) 7 Elemente, $d/\lambda = 1/2$, $p_n =$ Binomial-Verteilung

Forschungsberichte des Landes Nordrhein-Westfalen

Herausgegeben im Auftrage des Ministerpräsidenten Heinz Kühn
von Staatssekretär Professor Dr. h. c. Dr. E. h. Leo Brandt

Sachgruppenverzeichnis

Acetylen · Schweißtechnik
Acetylene · Welding gracitice
Acétylène · Technique du soudage
Acetileno · Técnica de la soldadura
Ацетилен и техника сварки

Arbeitswissenschaft
Labor science
Science du travail
Trabajo científico
Вопросы трудового процесса

Bau · Steine · Erden
Constructure · Construction material ·
Soil research
Construction · Matériaux de construction ·
Recherche souterraine
La construcción · Materiales de construcción ·
Reconocimiento del suelo
Строительство и строительные материалы

Bergbau
Mining
Exploitation des mines
Minería
Горное дело

Biologie
Biology
Biologie
Biologia
Биология

Chemie
Chemistry
Chimie
Quimica
Химия

Druck · Farbe · Papier · Photographie
Printing · Color · Paper · Photography
Imprimerie · Couleur · Papier · Photographie
Artes gráficas · Color · Papel · Fotografía
Типография · Краски · Бумага · Фотография

Eisenverarbeitende Industrie
Metal working industry
Industrie du fer
Industria del hierro
Металлообрабатывающая промышленность

Elektrotechnik · Optik
Electrotechnology · Optics
Electrotechnique · Optique
Electrotécnica · Optica
Электротехника и оптика

Energiewirtschaft
Power economy
Energie
Energía
Энергетическое хозяйство

Fahrzeugbau · Gasmotoren
Vehicle construction · Engines
Construction de véhicules · Moteurs
Construcción de vehículos · Motores
Производство транспортных средств

Fertigung
Fabrication
Fabrication
Fabricación
Производство

Funktechnik · Astronomie
Radio engineering · Astronomy
Radiotechnique · Astronomie
Radiotécnica · Astronomía
Радиотехника и астрономия

Gaswirtschaft
Gas economy
Gaz
Gas
Газовое хозяйство

Holzbearbeitung
Wood working
Travail du bois
Trabajo de la madera
Деревообработка

Hüttenwesen · Werkstoffkunde
Metallurgy · Materials research
Métallurgie · Matériaux
Metalurgia · Materiales
Металлургия и материаловедение

Kunststoffe
Plastics
Plastiques
Plásticos
Пластмассы

Luftfahrt · Flugwissenschaft
Aeronautics · Aviation
Aéronautique · Aviation
Aeronáutica · Aviación
Авиация

Luftreinhaltung
Air-cleaning
Purification de l'air
Purificación del aire
Очищение воздуха

Maschinenbau
Machinery
Construction mécanique
Construcción de máquinas
Машиностроительство

Mathematik
Mathematics
Mathématiques
Matemáticas
Математика

Medizin · Pharmakologie
Medicine · Pharmacology
Médecine · Pharmacologie
Medicina · Farmacología
Медицина и фармакология

NE-Metalle
Non-ferrous metal
Metal non ferreux
Metal no ferroso
Цветные металлы

Physik
Physics
Physique
Física
Физика

Rationalisierung
Rationalizing
Rationalisation
Racionalización
Рационализация

Schall · Ultraschall
Sound · Ultrasonics
Son · Ultra-son
Sonido · Ultrasónico
Звук и ультразвук

Schiffahrt
Navigation
Navigation
Navegación
Судоходство

Textilforschung
Textile research
Textiles
Textil
Вопросы текстильной промышленности

Turbinen
Turbines
Turbines
Turbinas
Турбины

Verkehr
Traffic
Trafic
Tráfico
Транспорт

Wirtschaftswissenschaften
Political economy
Economie politique
Ciencias económicas
Экономические науки

Einzelverzeichnis der Sachgruppen bitte anfordern

Westdeutscher Verlag · Köln und Opladen

567 Opladen/Rhld., Ophovener Straße 1–3, Postfach 1620

MIX
Papier aus verantwortungsvollen Quellen
Paper from responsible sources
FSC® C105338

If you have any concerns about our products,
you can contact us on
ProductSafety@springernature.com

In case Publisher is established outside the EU,
the EU authorized representative is:
**Springer Nature Customer Service Center GmbH
Europaplatz 3, 69115 Heidelberg, Germany**

Printed by Libri Plureos GmbH
in Hamburg, Germany